高等院校课程设计案例精编

Adobe InDesign CC
版式设计经典课堂

孙 航 许亚平 严静茹 编著

清华大学出版社
北京

内 容 简 介

本书以 InDesign CC 为写作平台，以"理论知识＋实操案例"为创作导向，围绕 InDesign 软件的应用展开讲解。书中的每个案例都给出了详细的操作步骤，同时还对操作过程中的设计技巧进行了描述。

全书共 12 章，基础篇依次对 InDesign CC 操作界面、图形的绘制与编辑、框架与对象、文本的应用、文字排版、表格的处理、应用样式与库、管理版面等进行了详细的阐述，并配有课堂练习、强化训练以供练手。案例篇分别对书籍封面、杂志内页、商超促销海报、报纸版式的设计方法和操作技巧做出全面介绍。本书结构清晰，思路明确，内容丰富，语言简练，既有鲜明的基础性，也有很强的实用性。

本书既可作为大中专院校及高等院校相关专业的教学用书，也可作为平面设计爱好者的学习用书，以及社会各类 InDesign 培训班的首选教材。

图书在版编目(CIP)数据

Adobe InDesign CC版式设计经典课堂 / 孙航，许亚平，严静茹编著. —北京：清华大学出版社，2019（2020.10重印）

（高等院校课程设计案例精编）

ISBN 978-7-302-51776-4

Ⅰ.①A… Ⅱ.①孙… ②许… ③严… Ⅲ.①电子排版—应用软件—课程设计—高等学校—教学参考资料 Ⅳ.①TS803.23

中国版本图书馆CIP数据核字（2018）第274396号

责任编辑：李玉茹
封面设计：杨玉兰
责任校对：鲁海涛
责任印制：丛怀宇

出版发行：清华大学出版社

网　　　址：http://www.tup.com.cn，http://www.wqbook.com

地　　　址：北京清华大学学研大厦A座　　　邮　　编：100084

社 总 机：010-62770175　　　邮　　购：010-62786544

投稿与读者服务：010-62776969，c-service@tup.tsinghua.edu.cn

质量反馈：010-62772015，zhiliang@tup.tsinghua.edu.cn

印 装 者：三河市君旺印务有限公司

经　　销：全国新华书店

开　　本：185mm×260mm　　　印　　张：16　　　字　　数：272 千字

版　　次：2019年2月第1版　　　印　　次：2020 年10月第3次印刷

定　　价：69.00 元

产品编号：081700-01

FOREWORD
前　言

为什么要学设计？ ◼━━━━━━━━━━━━━━

　　随着社会的发展，人们对美好事物的追求与渴望，已达到了一个新的高度。这一点充分体现在了审美意识上，毫不夸张地讲，我们身边的美无处不有，大到园林建筑，小到平面海报，抑或是深巷里的小门店也都要装饰一番并凸显自己的特色。这一切都是"设计"的结果，可以说生活中的很多元素都被有意或无意识地设计过。俗话说：学设计饿不死，学设计高工资！那些有经验的设计师们，月薪超过大多数行业。正是因为这一点很多人都投身于设计行业。

问：学设计可以就职哪类工作？求职难吗？

答：广为人知的设计行业包括室内设计、广告设计、UI设计、珠宝设计、服装设计、环艺设计、影视动画设计……所以你还在问求职难吗？

问：如何选择学习软件？

答：根据设计类型和就业方向，学习相关软件。比如，平面设计类软件大同小异，重在设计体验。室内外设计软件各有侧重，贵在实际应用。各类软件之间也要配合使用，如设计师要用Photoshop对建筑效果图做后期处理，为了让设计作品呈现更好的效果，有时会把视频编辑软件与平面软件相互配合。

问：没有美术基础的人也可以学设计吗？

答：可以。设计类的专业有很多，并不是所有的设计专业都需要有美术的功底。例如工业设计、展示设计等。俗话说"艺术归结于生活"，学设计不但可以提高自身审美能力，还能有效地指引人们制作出更精良的作品，提升自己的生活品质。

问：设计该从何学起？

答：自学设计可以先从软件入手：位图、矢量图和排版。学会了软件可以胜任 90% 的设计工作，只是缺乏"经验"。设计是"软件技术 + 审美 + 创意"，其中软件学习比较容易上手，而审美的提升则需要多欣赏优秀作品，只要不断学习，突破自我，优秀的设计技术就能轻松掌握！

系列图书课程安排 ■

本系列图书既注重单个软件的实操应用，又注重多个软件的协同办公，以"理论知识 + 实际应用 + 案例展示"为创作思路，向读者全面阐述了各软件在设计领域中的强大功能。在讲解过程中，结合各领域的实际应用，对相关的行业知识进行了深度剖析，以辅助读者完成各种类型的设计工作。正所谓要"授人以渔"，读者不仅可以掌握这些设计软件的使用方法，还能利用它独立完成作品的创作。本系列图书包含以下图书作品：

▶▶ 《3ds max 建模技法经典课堂》
▶▶ 《3ds max+Vray 效果图表现技法经典课堂》
▶▶ 《SketchUp 草图大师建筑·景观·园林设计经典课堂》
▶▶ 《AutoCAD + 3ds max + Vray 室内效果图表现技法经典课堂》
▶▶ 《AutoCAD + SketchUp + Vray 建筑室内外效果表现技法经典课堂》
▶▶ 《Adobe Photoshop CC 图像处理经典课堂》
▶▶ 《Adobe Illustrator CC 平面设计经典课堂》
▶▶ 《Adobe InDesign CC 版式设计经典课堂》
▶▶ 《Adobe Photoshop + Illustrator 平面设计经典课堂》
▶▶ 《Adobe Photoshop + CorelDRAW 平面设计经典课堂》
▶▶ 《Adobe Premiere Pro CC 视频编辑经典课堂》
▶▶ 《Adobe After Effects CC 影视特效制作经典课堂》
▶▶ 《HTML5+CSS3 网页设计与布局经典课堂》
▶▶ 《HTML5+CSS3+JavaScript 网页设计经典课堂》

配套资源获取方式 ■

目前市场上很多计算机图书中配带的 DVD 光盘，总是容易破损或无法正常读取。鉴于此，本系列图书的资源可以发送邮件至 619831182@qq.com，制作者会在第一时间将其发至您的邮箱。

适用读者群体 ■

☑ 网页美工人员；
☑ 平面设计和印前制作的人员；
☑ 平面设计培训班学员；
☑ 大中专院校及高等院校相关专业师生；
☑ InDesign 设计爱好者；
☑ 从事艺术设计工作的初级设计师。

作者团队

本书由孙航、许亚平、严静茹编写，在写作过程中始终坚持严谨细致的态度，力求精益求精。由于时间有限，书中疏漏之处在所难免，希望读者朋友批评指正。

本书知识结构导图

CONTENTS
目 录

CHAPTER / 03
框架与对象

CHAPTER / 04
文本的应用

CHAPTER / 05
文字排版

CHAPTER / 06
表格的处理

CHAPTER / 07
应用样式与库

CONTENTS

CHAPTER / 08
管理版面

CHAPTER / 09
书籍封面设计

CHAPTER / 10
旅游杂志内页设计

CHAPTER / 11
商超促销海报设计

CONTENTS

CHAPTER 01

InDesign CC 轻松入门

本章概述 SUMMARY

本章主要介绍 InDesign CC 的基础知识，包括 InDesign CC 的操作界面以及文件的操作、导出及打印。

■ 学习目标

√ 熟悉 InDesign CC 的操作界面
√ 掌握文件的基本操作
√ 掌握导出到 PDF 文件
√ 掌握文件的打印

◎明信片正面

◎明信片反面

1.1　初识 InDesign CC

　　Adobe InDesign CC 是一款多功能桌面排版软件，通过 InDesign CC（排版软件）能够帮您优化设计页面，轻松调整版面，使其适应不同的页面大小、方向或设备，获得更佳的效果。升级到 InDesign CC，可以比以往更快、更轻松地高效设计用于印刷或屏幕显示的页面布局。通过多种节省时间的功能（如拆分窗口、内容收集器工具、灰度预览、简便地访问最近使用的字体等）提高效率，如图 1-1 所示。

图 1-1　InDesign CC 启动界面

■ 1.1.1　认识操作界面

　　执行【开始】|【程序】| Adobe InDesign CC 命令，打开 InDesign CC 软件，单击【文档】图标，进入操作界面，主要包括标题栏、控制栏、工具栏、文档页面、状态栏、菜单栏、折叠式面板，如图 1-2 所示。

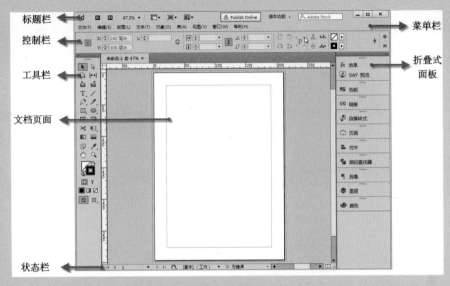

图 1-2　操作界面

■ 1.1.2　菜单栏的应用

　　菜单栏包括文件、编辑、版面、文字、对象、表、视图、窗口和帮助 9 个菜单，提供了各种处理命令，可以进行文件管理、编辑图形、调整是与操作。

　　执行【编辑】|【菜单】命令，弹出【菜单自定义】对话框，如图 1-3 所示。在该对话框中可以设置隐藏菜单命令和对其着色，可避免菜单出现杂乱现象，并突出常用的命令。

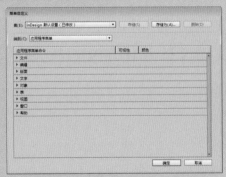

图 1-3　【菜单自定义】对话框

■ 1.1.3　控制栏的使用

　　在 InDesign CC 中，控制栏起到的作用也非常重要，当选中工具栏中的某个工具时，控制栏会立即显示该工具的各种属性；在不需要打开其相对应的面板时，在控制栏中设置其属性参数，可充分提高使用者的工作效率，如图 1-4 所示。

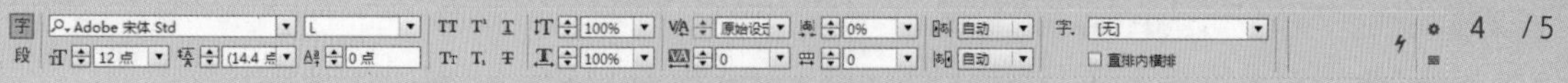

图1-4 【文字工具】面板

■ 1.1.4 工具栏的操作

在 InDesign CC 中，工具栏（后也称"工具箱"）中包括 4 组近 30 个工具，大致可分为绘画、文字、选择、变形、导航工具等，使用这些工具，可以更方便地对页面对象进行图形与文字的创建、选择、变形、导航等操作，如图 1-5 所示。

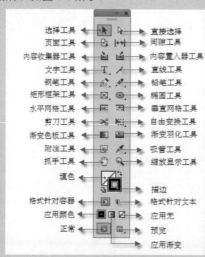

图1-5 工具栏介绍

1.2 操作 InDesign 文件

在学习运用 InDesign CC 处理图像之前，应先了解软件中一些基本的文件操作命令，包括新建文件、打开文件、保存文件以及关闭文件等。

■ 1.2.1 新建文件

在 InDesign 中新建文件主要分两个步骤：新建文档以及设置边距与分栏，下面将讲解两个步骤的具体操作方法。

1. 新建文档

01 执行【文件】|【新建】命令或按 Ctrl+N 快捷键，将打开【新建文档】对话框，如图 1-6 所示。随后在【页面大小】列表中选择一种页面大小，如 A4，在【宽度】与【高度】文本框中可以指定宽度与高度值。

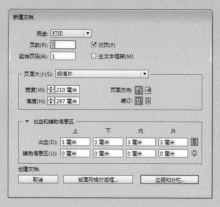

图 1-6 【新建文档】对话框

02 单击 按钮，则会将页面设置为纵向。若单击 按钮，则会将页面设置为横向；若单击 按钮，则装订方式是从左到右；若单击 按钮，则装订方式为从右到左。

03 在【出血和辅助信息区】选项区域中，若单击【出血】右侧的 按钮，则可以在【出血】文本框中设置相同的出血尺寸，否则可以分别设置上、下、左、右的出血尺寸；若单击【辅助信息区】右侧的 按钮，可以在【辅助信息区】文本框中设置相同的辅助信息区尺寸，否则可以分别设置上、下、左、右的辅助信息区尺寸。

2．设置边距与分栏

为新建文档设置边距与分栏的操作步骤如下。

01 在【新建文档】对话框中单击【边距和分栏】按钮，弹出【新建边距和分栏】对话框，如图 1-7 所示。在【边距】选项区域，设置上、下、内、外边距。

02 在【栏】选项区域的【栏数】文本框中设置分栏数；在【栏间距】文本框中设置栏间宽度；在【排版方向】下拉列表中，可以选择排版方向为水平或垂直。

03 设置完成后单击【确定】按钮，效果如图 1-8 所示。

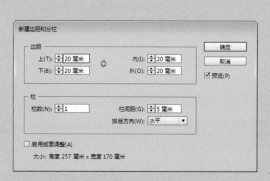

图 1-7 【新建边距和分栏】对话框

图 1-8 边距与分栏效果

■ 1.2.2　打开文件

执行【文件】|【打开】命令或按 Ctrl+O 快捷键，随后在弹出的【打开文件】对话框中，选择要打开的文件，单击【打开】按钮，打开文件即可，如图 1-9 所示。在打开的【打开文件】对话框中，可通过在【文件名】文本框中输入名称查找文件，也可通过在对话框右下角选择文件类型，筛选文件。

图 1-9　【打开文件】对话框

■ 1.2.3　保存文件

保存文件的操作非常简单，当第一次保存文件时，执行【文件】|【存储】命令，或按 Ctrl+S 快捷键，会打开【存储为】对话框，如图 1-10 所示。

图 1-10　【存储为】对话框

■ 1.2.4　关闭文件

执行【文件】|【关闭】命令，或按 Ctrl+W 快捷键，可将当前文件关闭。单击绘图窗口右上角的【关闭】按钮也可关闭文件，若当前文件被修改过或是新建的文件，那么在关闭文件的时候就会弹出一个警告对话框，如图 1-11 所示。单击【是】按钮即可先保存对文件的更改再关闭文件，单击【否】按钮即不保存文件的更改而直接关闭文件。

图 1-11 是否储存提示框

1.3 导出到 PDF 文件

在 InDesign 中，可以在版面设计中的任意位置导入任何 PDF，也支持 PDF 图层导入，还可以多种方式创建 PDF 与制作交互式 PDF，既能印刷出版，又能在 Web 上发布和浏览，或像电子书一般阅读，使用十分广泛。

1.3.1 设置 PDF 选项

在 InDesign 中，可以方便地将文档或书籍导出为 PDF。也可以根据需要对其进行自定义预设，并快速应用到 Adobe PDF 文件中。在生成 Adobe PDF 文件时，可以保留超链接、目录、索引、书签等导航元素，也可以包含交互式功能，如超链接、书签、媒体剪贴与按钮。交互式 PDF 适合制作电子或网络出版物，包括网页。

在 InDesign CC 中提供了几组默认的 Adobe PDF 设置，包括高质量打印、印刷质量、最小文件大小等。

要将文档或书籍导出为 PDF，执行【文件】|【导出】命令，弹出【导出】对话框，如图 1-12 所示。

在【导出】对话框中，设置要导出的 PDF 的文件名与位置，选择【保存类型】为 Adobe PDF（交互），单击【保存】按钮，打开【导出至交互式 PDF】对话框，如图 1-13 所示。

图 1-12 【导出】对话框

图 1-13 【导出至交互式 PDF】对话框

在设置好常规、压缩、高级、安全性的参数之后，单击【导出】按钮，即可完成导出。

■ 1.3.2　PDF 预设

执行【文件】|【Adobe PDF 预设】|【定义】命令，打开【Adobe PDF 预设】对话框，如图1-14所示。在【Adobe PDF 预设】对话框中进行【预设】选项的设置，选择之后单击【完成】按钮。

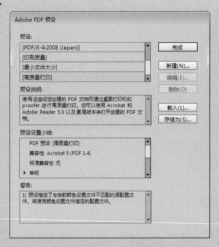

图1-14　【Adobe PDF 预设】对话框

■ 1.3.3　新建、存储和删除 PDF 预设

在【Adobe PDF 预设】对话框中，包含了【新建】、【存储为】和【删除】按钮，下面将详细讲解新建、存储和删除 PDF 导出预设的操作步骤。

1. 新建 PDF 导出预设

单击【Adobe PDF 预设】对话框中的【新建】按钮，打开【新建 PDF 导出预设】对话框，如图1-15所示。在【Adobe PDF 预设】对话框中一般只需对常规、标记和出血的属性进行设置，其他保持默认。单击【确定】按钮，完成创建。

图1-15　【新建 PDF 导出预设】对话框

2. 存储 PDF 导出预设

单击【Adobe PDF 预设】对话框中的【存储为】按钮，打开【存储 PDF 导出预设】对话框，设置文件名、保存类型，单击【保存】按钮，完成存储 PDF 导出预设的操作，如图1-16所示。

3．删除 PDF 导出预设

在【Adobe PDF 预设】对话框中，选择需要删除的预设选项，单击【Adobe PDF 预设】对话框中的【删除】按钮，在打开的提示框中，单击【确定】按钮即可完成删除 PDF 导出预设的操作，如图 1-17 所示。

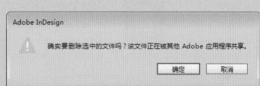

图 1-16 【存储 PDF 导出预设】对话框

图 1-17 删除提示框

■ 1.3.4 编辑 PDF 预设

在【Adobe PDF 预设】对话框中，选择需要编辑的【预设】选项，单击右侧【编辑】按钮进行 PDF 预设的编辑操作，如图 1-18 所示。

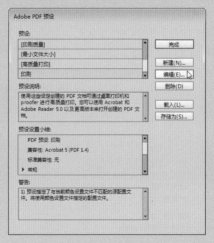

图 1-18 【Adobe PDF 预设】对话框

1.4 文件的打印

创建文档后，最终需要输出，不论是为外部服务提供商提供彩色的文档，还是只将文档的快速草图发送到喷墨打印机或激光打印机，了解与掌握基本的打印知识将会使打印更加顺利，并且有助于确保文档的最终效果与预期效果一致。

执行【文件】|【打印】命令，或按 Ctrl+P 快捷键，弹出【打印】对话框，如图 1-19 所示。

图 1-19　【打印】对话框

■ 1.4.1　文件的印前检查

在打印文档之前需要对打印文档中的文字、图片进行基本检查，确认无误后才可打印，在操作界面的状态栏中，可查看文档是否存在错误，单击【印前检查】菜单下拉按钮可设置是否进行印前检查，如图 1-20 所示。打开【印前检查】面板，可以查看文档内哪部分内容存在错误，如图 1-21 所示。

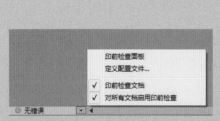

图 1-20　【印前检查】菜单

图 1-21　【印前检查】面板

■ 1.4.2　打印的属性设置

在【打印】对话框中包括常规、设置、标记和出血、输出、图形、颜色管理、高级、小结 8 个属性，下面简单介绍其中 5 个的打印属性，如图 1-22 所示。

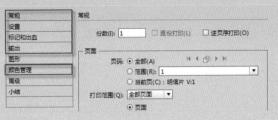

图 1-22 【打印】对话框的属性

- 常规：在【打印】对话框中，选择左侧列表中的【常规】选项，将显示如图 1-22 所示的【常规】选项设置界面。
- 设置：在【打印】对话框中，选择左侧列表中的【设置】选项，在设置界面中设置纸张大小与选项。
- 标记和出血：在准备打印文档时，需要添加一些标记以帮助在生成样稿时确定在何处裁切纸张及套准分色片，或测量胶片以得到正确的校准数据及网点密布等。
- 输出：在输出设置中，可以确定如何将文档中的复合颜色发送到打印机。启用颜色管理时，颜色设置默认值将使输出颜色得到校准。
- 颜色管理：打印颜色管理文档时，可指定其他颜色管理选项以保证打印机输入中的颜色一致。若使用 PostScript 打印机时，可以选择使用 PostScript 颜色管理选项，以便进行与设置无关的输入。

1.5 课堂练习——制作明信片

明信片是一种不用信封就可以直接投寄的载有信息的卡片，设计与制作明信片时需要注意明信片的格式，下面将详细讲解制作明信片的操作步骤，以便用户熟悉与掌握 InDesign 基本工具的操作。

制作明信片的具体操作步骤如下。

1. 制作明信片正面

绘制明信片时不仅需要注意规范格式，还需要注意字体大小、颜色、框线的粗细是否合适等，下面将详细介绍绘制明信片的过程。

01 执行【文件】|【新建】|【文档】命令，打开【新建文档】对话框，在对话框中设置【页数】为 2，【页面大小】为宽：148mm；高：100mm，设置【出血】为 2mm，单击【边距和分栏】按钮，如图 1-23 所示。

02 在【新建边距和分栏】对话框中，设置页面边距为 2mm，设置完成之后单击【确定】按钮，如图 1-24 所示。

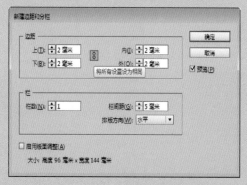

图 1-23 设置新建文档参数　　　　　　　　图 1-24 设置新建边距和分栏参数

03 选择工具箱中的【矩形工具】，在操作界面中单击鼠标左键，在弹出的【矩形】对话框中输入参数，单击【确定】按钮，如图 1-25 所示。

04 设置填充色为深蓝色，执行【窗口】|【对象和版面】|【对齐】命令，在打开的【对齐】对话框中选择【对齐】选项，在对齐对象中选择【水平居中对齐】和【垂直居中对齐】，效果如图 1-26 所示。

图 1-25 创建矩形

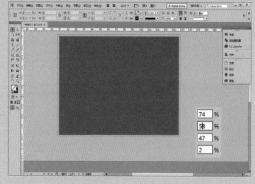

图 1-26 设置填充色

05 单击鼠标右键，在弹出的快捷菜单中执行【效果】|【斜面和浮雕】命令，在弹出的【效果】对话框中设置其参数，勾选对话框中的【预览】复选框，如图 1-27 所示。

06 单击鼠标右键，在弹出的快捷菜单中执行【效果】|【透明度】命令，在弹出的【效果】对话框中设置其参数，如图 1-28 所示。

图 1-27 设置【斜面和浮雕】参数　　　　　图 1-28 设置【透明度】参数

07 选择【矩形框架工具】，绘制一个矩形框架，执行【文件】|【置入】命令，置入素材文件，单击鼠标右键，执行【适合】|【按比例适合内容】命令，效果如图 1-29 所示。

08 在【图层】面板中，调整其至矩形下方，效果如图 1-30 所示。

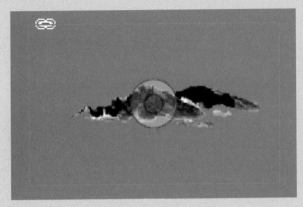

图 1-29　调整图像　　　　　　　　　　图 1-30　调整图层

09 使用同样的方法置入其他素材文件，将其按比例填充且高品质显示，如图 1-31 所示。

10 选择【矩形工具】，单击鼠标左键，在弹出的【矩形】对话框中设置【宽度】和【高度】参数，然后单击【确定】按钮，如图 1-32 所示。

图 1-31　按比例填充　　　　　　　　　　图 1-32　绘制图形

11 设置其与页面【水平居中对齐】和【顶对齐】，效果如图 1-33 所示。

12 选择工具栏中的【矩形框架工具】，绘制一个大小适中的框架，将图像直接拖入工作区，单击鼠标右键，设置其按比例填充并高品质显示，效果如图 1-34 所示。

图 1-33　页面对齐

图 1-34　按比例填充

13 选中背景图和"狮子"图像，执行【窗口】|【对象和版面】|【对齐】命令，在打开的【对齐】对话框中选择【对齐】选项，将图像放置合适的位置，在对齐对象中选择【水平居中对齐】选项，如图 1-35 所示。

14 选择工具栏中的【直排文字工具】，输入文字，设置文字大小为 8，【颜色】为白色，【对齐方式】为【水平居中对齐】，效果如图 1-36 所示。

图 1-35　对齐对象

图 1-36　输入文本

15 选择工具栏中的【椭圆形工具】，按住 Shift+Alt 快捷键绘制两个同心圆，设置【填色】为无，【描边】颜色为红色，对齐方式为居中对齐，效果如图 1-37 所示。

16 选择工具栏中【矩形工具】，在页面左上方绘制一个正方形，设置【填色】为无，【描边】颜色为红色，效果如图 1-38 所示。

图 1-37　绘制同心圆

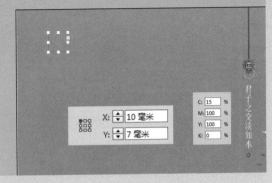

图 1-38　绘制图形

17 选中刚刚绘制的矩形边框，按住 Shift+Alt 快捷键移动矩形边框，当出现等距离标志时松开鼠标完成复制，绘制完 6 个矩形的效果如图 1-39 所示。

18 选择【矩形框架工具】，绘制一个大小适中的框架，打开素材文件夹，选择需要的图像直接拖入工作区，调整其大小并移动至合适位置，效果如图 1-40 所示。

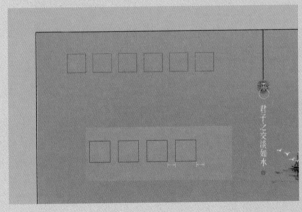

图 1-39　复制图形

图 1-40　置入素材

19 选择工具栏中的【文字工具】，在工作界面中单击按住左键不放，绘制出文本框架，输入文字，按 Ctrl+A 快捷键全选文字，设置文字大小为 12，【颜色】为白色，如图 1-41 所示。

20 选择工具栏中的【矩形工具】，在输入文字敬祝的下方绘制的矩形，设置【描边】为无，【填色】为红色，效果如图 1-42 所示。

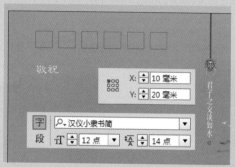

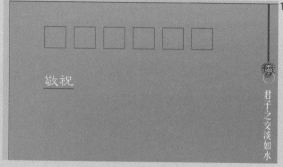

图1-41 绘制图形输入文本

图1-42 绘制图形

21 选择工具栏中的【直线工具】，在工作区绘制一条长短适中的直线，设置【颜色】为红色，效果如图1-43所示。

22 按照同样的方法再次绘制6条直线，效果如图1-44所示。

图1-43 绘制直线

图1-44 绘制直线

23 选择工具栏中的【文字工具】，绘制文本框架，输入文字，按Ctrl+A快捷键全选文字，设置【文字大小】为8，【颜色】为白色，效果如图1-45所示。

图1-45 设置文字

2．制作明信片反面

明信片的反面主要注意图文搭配的舒适感与排版是否合理，下面将详细介绍绘制明信片反面的操作过程。

01 复制明信片正面的背景矩形，作为明信片反面的背景，如图1-46所示

02 选择工具栏中的【矩形框架工具】，绘制一个大小适中的框架，置入素材并设置按比例填充与高品质显示，如图1-47所示。

图1-46　复制图形

图1-47　置入素材

03 选中明信片正面图形，按Ctrl+C、Ctrl+V快捷键复制并粘贴，调整大小及位置，效果如图1-48所示。

04 使用【文字工具】输入文字信息，设置字体、字号及文字颜色。至此，明信片的正反面的设计效果就完成了，最终效果如图1-49所示。

图1-48　复制粘贴图形

图1-49　反面设计效果

强化训练

项目名称　设计艺术风书签

项目需求

接到某淘宝店通知，为其制作一款具有艺术气质的双面书签，作为顾客购买商品配送的礼物，主要目的是给其留下深刻的印象，从而产生再次购买的欲望。设计要求美观、大方、精致，可以附带一些艺术方面的知识。

项目分析

书签外形设计需简单、大气，避开市面上普遍俗气的矩形形态。因梵·高为 19 世纪最杰出的绘画大师代表人物之一，所以选择他的作品作为书签的背景，并配有各作品的简单介绍，为增加文字的识别度可在文字底部增添底纹。

项目效果

项目效果如图 1-50 所示。

图 1-50　艺术风书签效果图

操作提示

01 使用绘图工具绘制出图形，置入图片素材。

02 制作书签的铁环立体效果。

03 使用【文字工具】输入文本信息。

CHAPTER 02

图形的绘制与编辑

本章概述 SUMMARY

本章将学习如何绘制基本图形并对其进行相关操作，包括对象的旋转、缩放与切换等操作。在 InDesign 中，除了可以使用基本工具绘制规则的图形外，还可以使用钢笔工具绘制不规则的图形。

■ 学习目标

✓ 熟练绘制基本图形
✓ 掌握钢笔工具的使用
✓ 掌握图形的旋转、缩放、切变
✓ 掌握自由变换工具的使用

◎名片正面

◎名片反面

2.1　绘制基本图形

在使用 InDesign 编排出版物的过程中，图形的处理是一个重要的组成部分。本节将介绍在 InDesign 中利用不同的工具绘制直线、矩形、曲线和多边形等基本形状和图形。

■ 2.1.1　绘制直线

选择工具栏中的【直线工具】或按 \ 快捷键，按住鼠标左键拖至终点，随后松开鼠标，看到出现了一条直线。在画线时，若靠近对齐线，则鼠标指针又会变成带有一个小箭头形状 ⤢。绘制一条水平直线，如图 2-1 所示；绘制一条垂直直线，如图 2-2 所示；绘制一条 45° 倾斜的直线，如图 2-3 所示。

操作技巧

　　在绘制直线时，如果按住 Shift 键，则其角度受到限制，只能有水平、垂直、左右 45° 倾斜等几种方式。如果按住 Alt 键，则所画直线以初始点固定为对称中心。

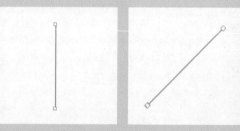

图 2-1　水平直线　　　　图 2-2　垂直直线　　　　图 2-3　45° 斜线

■ 2.1.2　绘制矩形

选择工具栏中的【矩形工具】或按 M 键，如图 2-4 所示，直接拖动鼠标可绘制一个矩形，若在页面上单击，将会弹出【矩形】对话框，从中输入高度和宽度的值后单击【确定】按钮，即可绘制出一个矩形，如图 2-5 所示。

操作技巧

　　按住 Alt 键，选择工具栏中的【矩形工具】，则可在【矩形工具】、【椭圆工具】、【多边形工具】之间进行切换。

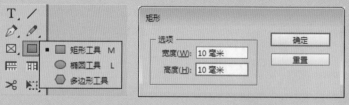

图 2-4　选择【矩形工具】　　　　图 2-5　【矩形】对话框

■ 2.1.3　绘制多边形

选择工具栏中的【多边形工具】，在页面上单击，弹出【多边形】对话框，从中设置【多边形宽度】和【多边形高度】均为 50 毫米，【边数】为 7，【星形内陷】为 0%，如图 2-6 所示。随后即可绘制一个七边形，如图 2-7 所示。

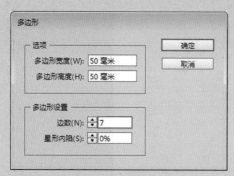

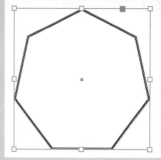

图 2-6　【多边形】面板　　　　　　图 2-7　绘制七边形

　　选择工具栏中的【多边形工具】，在页面上拖动鼠标至合适的高度和宽度，按住鼠标左键不放，然后用键盘上的↑和↓键调节边数，按↑键增加多边形的边数，按↓键减少多边形的边数；按←和→键调节星形内陷的百分比，按←键减少星形内陷，按→键增加星形内陷。

　　若设置【星形内陷】为 25%，则可绘制的图形如图 2-8 所示；若设置【星形内陷】为 80%，则可绘制的图形如图 2-9 所示；若设置【星形内陷】为 100%，则可绘制的图形如图 2-10 所示。

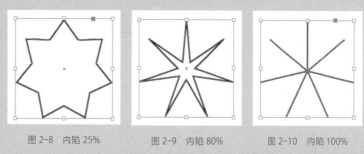

图 2-8　内陷 25%　　　　图 2-9　内陷 80%　　　　图 2-10　内陷 100%

■ 2.1.4　钢笔工具

　　钢笔工具可以创建比手绘工具更为精确的直线和对称流畅的曲线。对于大多数用户而言，钢笔工具提供了最佳的绘图控制和最高的绘图准确度。

1. 绘制线段

　　下面以具体操作来介绍钢笔工具的使用方法。

01 选择工具栏中的【钢笔工具】，如图 2-11 所示。

02 将【钢笔工具】定位到所需的直线起点并单击，以确定第一个锚点（不要拖动），如图 2-12 所示。

03 接着指定第二个锚点，即单击线段结束的位置，如图 2-13 所示。

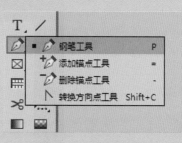

图 2-11　选择【钢笔工具】

04 继续单击以便为其他直线设置锚点,如图 2-14 所示。

图 2-12 确定锚点

图 2-13 指定第二个锚点

图 2-14 继续绘制

操作技巧 ○─○

　　绘制直线不要拖动鼠标,而是在线段的结束位置处单击。连续单击鼠标,可以连续地绘制多条线段。同时,最后添加的锚点总是显示为实心方形,表示已为选中状态。当添加更多的锚点时,以前定义的锚点会变成空心并被取消选中。

05 将鼠标指针放到第一个空心锚点上,当【钢笔工具】指针旁出现一个小圆圈时(如图 2-15 所示),单击可绘制闭合路径,如图 2-16 所示。

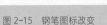
图 2-15 钢笔图标改变

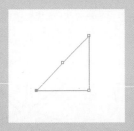
图 2-16 绘制闭合路径

2．绘制曲线

　　在①处单击以指定起始点,然后移动鼠标,在②处单击并沿着箭头方向拖动鼠标,即可绘制出一条曲线,如图 2-17 所示。

图 2-17 绘制曲线

2.2　变换对象

　　对象的变换操作包括旋转、缩放、切变等,这些操作有些通过选择工具便可以完成,但有些必须通过专业的工具完成。InDesign CC 中提供的选择工具、自由变换工具、旋转工具、缩放工具、切变工具和控制面板以及变换面板,都可以完成对象的变换操作。

■ 2.2.1　旋转对象

　　选择工具栏中的【旋转工具】,用户可以围绕某个指定点旋转操作对象,通常默认的旋转中心点是对象的中心点,但用户可以改变此点位置。

如图 2-18 所示为利用【旋转工具】选中椭圆的状态，椭圆中部所显示的符号代表旋转中心点，单击并拖动鼠标此符号即可改变旋转中心点相对于对象的位置，从而使旋转基准点发生变化。如图 2-19 所示为旋转状态。松开鼠标后，即可看到旋转后的椭圆，如图 2-20 所示。

 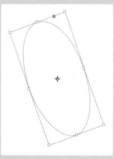

图 2-18 选中状态　　　　图 2-19 旋转状态　　　　图 2-20 旋转后

2.2.2　缩放对象

【缩放工具】可在水平方向上、垂直方向上或者同时在水平和垂直方向上对操作对象进行放大或缩小操作，在默认情况下用户所做的放大和缩小操作都是相对于操作中心点的。

最为简单的缩放操作是利用对象周围的边框进行的，使用选择工具，选择需要进行缩放的对象时，该对象的周围将出现边界框，利用鼠标拖动边界框上任意手柄即可对被选定对象做缩放操作。

2.2.3　切变工具

使用切变工具可在任意对象上对其进行切变操作，其原理是用平行于平面的力作用于平面使对象发生变化。使用切变工具可以直接在对象上进行旋转拉伸，也可在控制面板中输入角度使对象达到所需的效果。

下面讲解具体操作步骤。

01 执行【文件】|【置入】命令，在弹出的【置入】对话框中，

选择素材文件图像 01，单击【打开】按钮，然后单击页面，即可置入图片。选择需要倾斜的图形，如图 2-21 所示。

02 当设置旋转角度为 30°、切变角度为 -30°，切变后的效果如图 2-22 所示。

图 2-21 置入文件

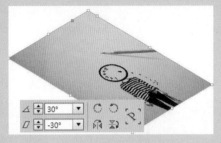

图 2-22 旋转与切变

03 当设置旋转角度为 0°、切变角度为 30° 时，效果分别如图 2-23、图 2-24 所示。

图 2-23 旋转角度为 0°

图 2-24 切变角度为 30°

2.2.4 自由变换工具

自由变换工具的作用范围包括文本框、图文框以及各种多边形。自由变换工具通过文本框、图文框以及多边形四周的控制句柄对各种对象进行变形操作，可以将对象拉长、拉宽以及反转等。

自由变换工具对对象的拉伸变形具体操作方法如下。

01 选择对象的任意一个控制手柄，如图 2-25 所示。

02 在页面上拖动鼠标完成拉长、缩放、旋转等操作，松开鼠标后即可看到缩放后的效果。

03 同时，自由变换工具还可以使对象的围绕对象中心点进行任意角度的旋转。如图 2-26 所示，任意地拖动鼠标即可自由旋转对象。

图 2-25 缩放图像

图 2-26 旋转对象

2.3 课堂练习——设计与制作名片

　　名片，是标示姓名及其所属组织、公司单位和联系方法的纸片，是新朋友互相认识、自我介绍的最快最有效的方法。在设计名片时，结构既不能太散也不能太挤，既不要太拘谨以显得呆板，也不能太活跃以至于显得不严肃，因其本身就很小所以布局十分重要，须注意字体大小，保持名片正反面风格统一。

　　下面讲解制作名片的具体操作步骤。

1. 制作名片背景

　　背景的制作主要使用基础绘制图形的工具，其中涉及一些变换操作。

01 启动 InDesign CC 2017，在开始界面中单击【新建】按钮，打开【新建文档】对话框，设置【页数】为2，取消右侧【对页】复选框的勾选，在【页面大小】选项组中，设置【宽度】为90 mm，【长度】为54mm，如图 2-27 所示。

02 单击右下角的【边距和分栏】按钮，打开【新建边距和分栏】对话框，从中设置【边距】各为3mm，如图 2-28 所示。

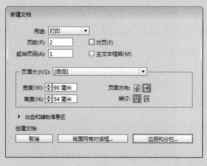

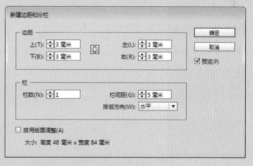

图 2-27　【新建文档】对话框　　　　　　　图 2-28　设置边距

03 设置完毕，单击【确定】按钮，新建的空白文档会显示在工作界面中，如图 2-29 所示。

04 执行【窗口】|【图层】命令，双击"图层 1"，在打开的【图层选项】面板中，填写【名称】为背景，设置【颜色】为红色，单击【确定】按钮，如图 2-30 所示。

05 在【工作栏】中，选择【矩形工具】，设置【填色】为白色，【描边】为无，单击工作界面，在打开的【矩形】面板中设置【宽度】为96mm，【高度】为60mm，单击【确定】按钮，如图 2-31 所示。

06 在操作界面上方中的控制栏面板中，单击【对齐】下拉按钮
，选择【对齐页面】选项，如图 2-32 所示。

图 2-29 操作界面   图 2-30 【图层选项】面板

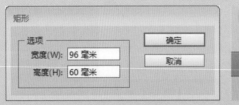

图 2-31 【矩形】面板   图 2-32 设置对齐方式

07 单击【图层】面板中"图层 2"的【切换图层锁定】图标 🔒，
锁定图层，如图 2-33 所示。

08 在【图层】面板中单击右下角的【创建新图层】按钮 ⬛，
创建"图层 2"，如图 2-34 所示。

09 在【图层】面板中双击"图层 2"，在打开的【图层选项】
面板中，填写【名称】为名片正面，设置【颜色】为淡蓝色，
单击【确定】按钮，如图 2-35 所示。

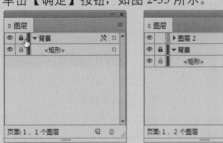

图 2-33 锁定图层   图 2-34 创建新图层   图 2-35 【图层选项】面板

10 选择工具栏中的【钢笔工具】，绘制形状并设置【颜色】
为红色，单击【填色】右侧的【描边】，选择工具栏下方的【应
用无】，如图 2-36 所示。

11 在【图层】面板中，选中最上方的"多边形"图层，将"多
边形"图层拖至【图层】面板底部【新建】按钮上，如图 2-37 所示。
松开鼠标，复制图层如图 2-38 所示。

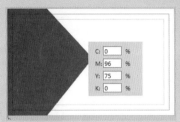

图 2-36 绘制路径　　　　　　图 2-37 拖至【新建】按钮上　　　　图 2-38 复制图层

⑫ 选中最下方的"多边形"图层移动至如图 2-39 所示的位置。

⑬ 按 Shift 键，加选第 2 个多边形，执行【对象】|【路径查找器】|
【减去】命令，并调整【填充色】为红色（C：32，M：100，Y：
100，K：0），如图 2-40 所示。

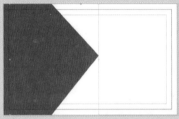

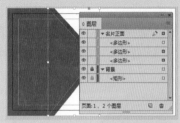

图 2-39 调整位置　　　　　　　　　图 2-40 减去图形

⑭ 选择减去的多边形，右击鼠标，执行【效果】|【内阴影】命令，
在打开的【效果】对话框中，勾选面板左下方【预览】复选框，
并设置参数，如图 2-41 所示。

⑮ 单击【确定】按钮，内阴影效果如图 2-42 所示。

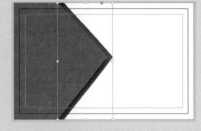

图 2-41 【效果】对话框　　　　　　图 2-42 内阴影效果

⑯ 选择工具栏中的【矩形工具】，在工作界面中单击鼠标左键，
在打开的【矩形】面板中设置其参数，创建矩形并调整至页面
右侧，如图 2-43 所示。

⑰ 再次使用【矩形工具】，绘制矩形，在工具栏中选择【吸
管工具】，吸取减去多边形的颜色及效果，如图 2-44 所示。

⑱ 在工作界面上方的【控制栏】中单击对齐下拉按钮，设置

対齐方式为【对齐页面】，单击【控制栏】中的【左对齐】与【顶
对齐】选项，如图 2-45 所示。

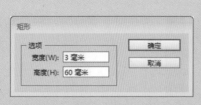

图 2-43 【矩形】面板

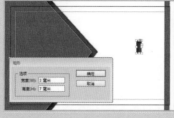

图 2-44 使用【吸管工具】

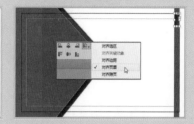

图 2-45 设置对齐方式

19 使用【选择工具】，选择上方的小矩形，按 Shift+Alt 快捷键，
并按鼠标左键进行拖动,垂直复制其至名片下方,效果如图2-46所示。

20 选择【控制栏】中的【与底对齐】选项，使其与页面对齐，
效果如图 2-47 所示。

21 选择【矩形工具】，设置【填色】为红色，【描边】为无，
按 Alt 键，单击【控制栏】上的角选项按钮 ，在打开的【角选项】
面板中，设置转角形状为圆角，转角大小为 4mm，如图 2-48 所示。

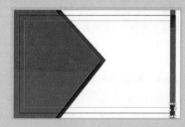

图 2-46 复制小矩形

图 2-47 设置对齐方式

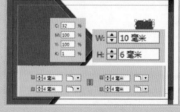

图 2-48 设置圆角矩形

22 在工具栏中选择【吸管工具】，吸取减去多边形的颜色及
效果并移至合适位置，如图 2-49 所示。

23 按 Ctrl+Shirt+[快捷键，将圆角矩形移至最底层，按
Alt+Shift 快捷键并拖动鼠标，连续重复此操作 4 次，垂直复制
圆角矩形，如图 2-50 所示。

24 下方的 4 个圆角矩形,分别设置【颜色】为蓝色(C: 74, M: 47, Y:
0, K: 0)，绿色 (C: 56, M: 0, Y: 59, K: 0)，黄色 (C: 3, M: 30, Y:
78, K: 0)，紫色 (C: 0, M: 0, Y: 0, K: 100)，如图 2-51 所示。

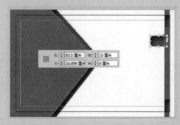

图 2-49 调整位置

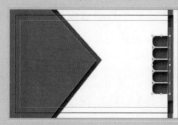

图 2-50 复制图形

图 2-51 调整颜色

㉕ 在工具栏中选择【矩形工具】，执行【窗口】|【颜色】|【颜色】命令，在打开的【颜色】面板中，单击设置【填色】为白色，【描边】为无，如图 2-52 所示。

㉖ 单击操作界面，在打开的【矩形】面板中设置参数，单击【确定】按钮，将绘制的白色矩形移至工作界面空白区域，如图 2-53 所示。

㉗ 按 Alt+Shift 快捷键，水平复制矩形，重复复制使白色矩形的总数达到 60 个，在【对齐】面板中，设置【对齐】方式为【对齐选区】，选择【水平居中分布】选项，如图 2-54 所示。

图 2-52 设置颜色

图 2-53 绘制矩形

图 2-54 复制矩形并设置对齐方式

㉘ 按 Ctrl+G 快捷键，将其编组，打开【图层】面板，单击【组】图层文字处，修改【组】图层名称为【纹样】，如图 2-55 所示。

㉙ 使用【选择工具】，将矩形组移动至名片上方，并在【控制栏】中设置【旋转角度】为 -40°，编组效果如图 2-56 所示。

图 2-55 【图层】面板

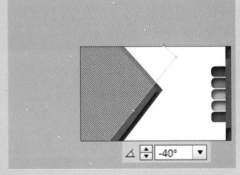

图 2-56 旋转角度

㉚ 将光标移至框架脚点处，当光标变为双向箭头 时，拖动鼠标放大图形，使图形完全覆盖下方的红色多边形，效果如图 2-57 所示。

㉛ 在【控制栏】中设置【透明度】为 22%，如图 2-58 所示。

图 2-57 放大图形

图 2-58 设置【透明度】

32 按 Alt 键将图形移动至名片右侧，如图 2-59 所示。

33 按 Shift 键加选左侧纹样，按 Ctrl+L 快捷键，锁定纹样图层，使用【选择工具】，选择减去多边形与右侧两个小矩形，按 Ctrl+Shift+] 快捷键，使减去多边形移至最上方，效果如图 2-60 所示。

图 2-59 移动图形

图 2-60 调整图层

2．制作名片内容

背景的内容需要用到基础绘制图形的工具，还需使用文字工具填写名片的基础信息，如姓名、联系方式、地址等。

01 使用【椭圆工具】，设置【填色】为红色，【描边】为无，按 Shift 键绘制正圆，移动其至合适位置，使用【吸管工具】，吸取减去多边形的内阴影，效果如图 2-61 所示。

02 使用【矩形工具】，单击操作界面，在打开的【矩形】面板中设置其参数，单击【确定】按钮，并使用【吸管工具】吸取下方减去图形的颜色，如图 2-62 所示。

图 2-61 吸取效果

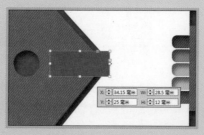

图 2-62 绘制矩形

03 在【对齐】面板中，设置【对齐】方式为对齐选区，使其与圆形左对齐和垂直居中对齐，效果如图 2-63 所示。

04 按 Ctrl+[快捷键，将红色矩形图层移至后一层，效果如图 2-64 所示。

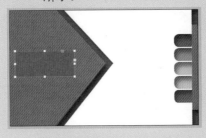
图 2-63　设置对齐

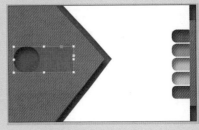
图 2-64　调整图层

05 使用【直线工具】，按 Shift 键，水平绘制一条长为 25mm 的直线，在【控制栏】中设置其【填色】为无，【描边】为黑色，【描边】大小为 0.5，并将其移动至合适位置，效果如图 2-65 所示。

06 选择工具栏中的【文字工具】，绘制文本框架，输入文本内容为 D，在【控制栏】中，设置字体【颜色】为白色，如图 2-66 所示。

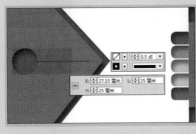
图 2-65　绘制直线

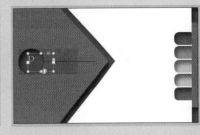
图 2-66　绘制文本框架

07 执行【窗口】|【文字和表】|【字符】命令，在打开的【字符】面板中，设置其字体、字号，字体粗细，并移动其至合适位置，如图 2-67 所示。

08 按 Alt 键，复制文本框架至合适位置，并改变文本内容为 S，如图 2-68 所示。

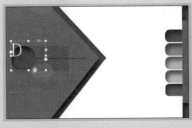
图 2-67　设置字体、字号

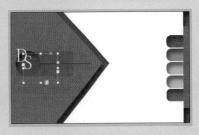
图 2-68　复制文本框架

09 按 Alt 键，复制 S 文本框架至合适位置，并修改文本内容为 T，如图 2-69 所示。

10 使用【文字工具】，绘制文本框架，输入文本内容为"D 设团工作室"，设置字体【颜色】为白色，如图 2-70 所示。

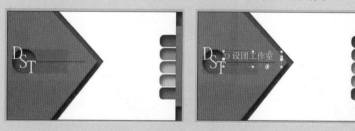

图 2-69　修改文本内容　　　　　　　　图 2-70　输入文本内容

11 执行【窗口】|【文字和表】|【字符】命令，在打开的【字符】面板中，设置其字体、字号，字体粗细，如图 2-71 所示，并移动其至合适位置，如图 2-72 所示。

图 2-71　【字符】面板　　　　　　图 2-72　调整位置

12 使用【文字工具】，绘制文本框架，输入文本内容为 D design studio Co.Ltd，设置字体【颜色】为白色，在【字符】面板中，设置其字体、字号、字体粗细、字间距等，如图 2-73 所示。

13 使用【选择工具】，使其与横线右对齐，效果如图 2-74 所示。

图 2-73　【字符】面板　　　　　　图 2-74　调整位置

14 使用同样方法，绘制文本框架，输入其他文字信息，并设置其字体、字号、字间距，如图 2-75 所示。

15 使用【矩形框架工具】，绘制框架，执行【文件】|【置入】命令，置入素材文件"联系人 .png"，如图 2-76 所示。

图 2-75 输入其他信息

图 2-76 置入素材

16 右击鼠标，执行【适合】|【按比例填充框架】命令，如图 2-77 所示。

17 使用【选择工具】，移动其至合适位置，如图 2-78 所示。

图 2-77 按比例填充框架

图 2-78 移动位置

18 使用同样方法分别置入素材文件"联系电话 .png""邮箱 .png""网址 .png""地址 .png"，并移动其至合适位置，效果如图 2-79 所示。

19 使用同样方法制作名片背面，效果如图 2-80 所示。

图 2-79 名片正面效果

图 2-80 名片背面

强化训练

项目名称　制作高端企业名片

项目需求

受到某公司的委托为其制作一款企业名片，要求标注企业名称、企业标志地址及联系方式等。要凸显企业品牌与企业信息，名片中颜色不要太花哨，且设计要有一定的思想深度，能很快给顾客留下深刻印象。

项目分析

名片尺寸设置为 94mm×58mm，上下左右各 2mm 的出血线。名片背景选择办公图片且加深颜色效果，为突出文字信息的辨识度，名片正面主要展示公司 Logo 及公司名称，名片反面主要展示公司的详细信息及二维码，部分文字颜色使用 Logo 的主体色。

项目效果

项目效果如图 2-81 所示。

图 2-81　高端企业名片效果

操作提示

01 绘制框架置入素材，利用图层透明度制作效果。

02 利用【钢笔工具】绘制 Logo，并利用【文字工具】输入名片信息。

CHAPTER　03

框架与对象

本章概述 SUMMARY

框架可以作为文本或其他对象的容器，在版面设计中，可以省去较为复杂的操作过程，并能设计出较为满意的图片效果。框架网格是亚洲语言特有的文本框架类型，其中字符的全角字框和间距都显示为网格，而文本框架是不显示任何网格的空文本框架。

■ 学习目标
　√ 熟悉文本框架和路径
　√ 掌握框架内容的选择、删除、剪切
　√ 掌握图层的编辑
　√ 熟练应用对象效果

◎制作过程展示

◎道路宣传展板效果

3.1 认识框架

在 InDesign CC 2017 中，框架是文档版面的基本构造块，框架包含文本框架和图形框架。文本框架确定了文本要占用的区域以及文本在版面中的排列方式。图形框架可以充当边框和背景，并对图形进行裁切或蒙版操作。

单击工具箱中的【框架工具】按钮，可以看到三种形状的框架工具：矩形工具、椭圆工具和多边形工具，如图 3-1 所示。

图 3-1　矩形工具

用户可根据自己的设计需要选择框架类型。三种框架工具的所创建的几何框架如图 3-2、图 3-3、图 3-4 所示。

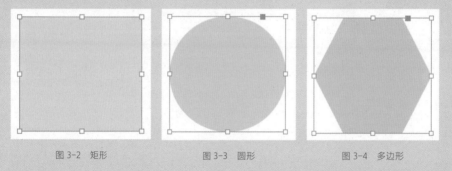

图 3-2　矩形　　　　　　　　图 3-3　圆形　　　　　　　　图 3-4　多边形

■ 3.1.1 文本框架和路径

框架与路径一样，唯一的区别是框架可作为文本或其他对象的容器，还可作为占位符。InDesign 提供了两种类型的文本框架，即纯文本框架和框架网格。

1. 路径

用户可以使用工具箱中的工具绘制路径和框架，还可以通过将内容直接置入或者粘贴到路径中创建框架。路径是矢量图形，类似于在绘图程序中创建的图形。可以使用工具箱中的【钢笔工具】直接绘制路径，如图 3-5 所示。

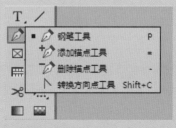

图 3-5　钢笔工具

2．框架

使用【钢笔工具】以及图形工具绘制的框架图形，可以容纳图片或文本，在没有指定内容或置入内容时对这种对象的总称为框架或图文框。用户除了可以沿路径放置文本以外，还可以将路径图形作为文本框架，这时图形就像一个容器，框架内输入的文本将按照框架的形状进行摆放。

将内容直接置入或者粘贴到路径内部，路径可以转化为框架。由于框架只是路径的容器版本，因此，任何可以对路径执行的操作都可以对框架执行，如为其填色、描边，或者使用【钢笔工具】编辑框架本身的形状，如图 3-6 至图 3-9 所示。路径和框架相互转化的灵活性使用户可轻松更改自己的设计。

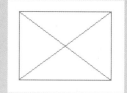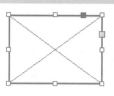

图 3-6　框架　　　　　图 3-7　描边　　　　　图 3-8　填色　　　　　图 3-9　自定义图形

3．框架网格

框架网格是一种文本框架，它以一套基本网格来确定字符大小和附加的框架内的间距，执行【对象】|【框架网格】命令打开【框架网格】对话框，如图 3-10 所示。

4．文本框架

指定了内容为文本的框架或者已经填入了文本的对象称为

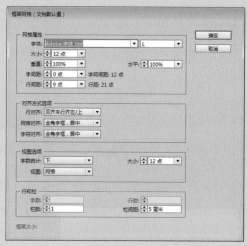

图 3-10　【框架网格】对话框

文本框架，它分为普通文本框和网格文本框两类，网格文本框可设置网格属性并应用到文本上。框架可以包含文本或图形。文本框架确定了文本要占用的区域以及文本在版面中的排列方式。用户可以通过各文本框架左上角和右下角的文本入口和出口来识别文本框架。

5．图形框架

　　用来容纳图片的图文框，或者指定了内容为图片的图文框。在 InDesign 中，置入的外部图形图像都将包含在一个矩形框内，通常将这个矩形框称为图形框架。利用矩形工具、椭圆工具和多边形工具或者绘图工具（矩形、多边形、钢笔等工具绘制封闭图形或路径）绘制一个框架或图形，然后利用【置入】命令或者【复制 / 贴入内部】命令将图形图像放置到框架内即可创建图形框架，如图 3-11、图 3-12 所示。

图 3-11　置入图像　　　　　　　图 3-12　缩放图像大小

■ 3.1.2　转换框架类型

　　通过框架类型之间的相互转换，可以将某些复杂的图形框架轻松地转换为文本框架，省去了编辑文本的麻烦。

1．转换文本框架和框架网格

　　可以将文本框架转换为框架网格，也可以将框架网格转换为纯文本框架。

　　将文本框架转换为框架网格时，可能会在该框架的顶部、底部、左侧和右侧创建空白区。如果网格格式中设置的字体大小或行距值无法将文本框架的宽度或高度分配完，将显示这个空白区。选择工具箱中的【选择工具】，拖动框架网格的控制点，进行适当调整，就可以移去这个空白区。

　　将文本框架转换为框架网格时，先调整在转换期间创建的所有内边距，然后编辑文本。

2．将纯文本框架转换为框架网格

　　将纯文本框架转换为框架网格有两种方法。

　　（1）选择文本框架，执行【对象】|【框架类型】|【框架网格】命令，如图 3-13 所示。

图 3-13　执行【框架网格】命令

　　（2）执行【文字】|【文章】命令，如图 3-14 所示。打开【文章】面板，选择【框架类型】中的【框架网格】选项即可，如图 3-15 所示。

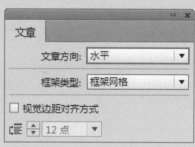

图 3-14　选择【文章】选项　　　　　　　　图 3-15　【文章】面板

3.2　编辑框架内容

　　在 InDesign 中，可以对选定的框架进行不同形式的编辑，如选择删除、剪切框架内容，替换框架及其内容、移动框架和调整框架等。

■ 3.2.1　选择、删除、剪切框架内容

　　使用选择删除和剪切框架工具，可以根据自己的需求操作，此工具让制作更加方便简洁，具体使用方法如下所示。

1. 选择框架内容

　　使用工具栏中的【直接选择工具】 ，可选取框架中的内容，选

择框架内容的方法有两种。

（1）若要选择一个图形或文本框架，则可使用【直接选择工具】
选择对象，如图 3-16 所示。

（2）若要选择文本字符，则可使用【文字工具】选择这些字符，
如图 3-17 所示。

图 3-16　直接选择 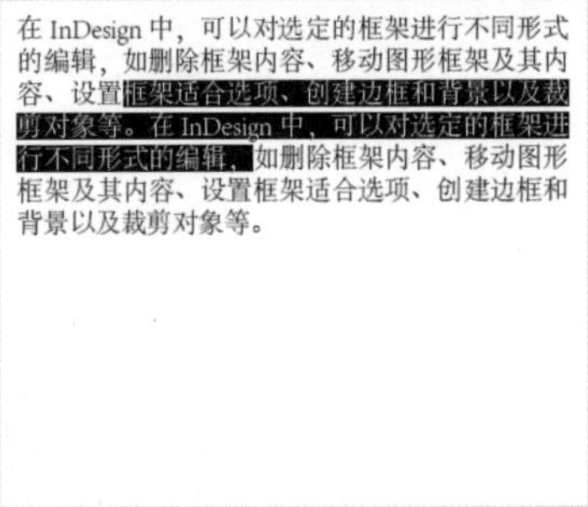　　　　　　　　　图 3-17　选择文字

2．删除框架内容

使用【直接选择工具】，选择要删除的框架内容，然后按 Delete 键
或 BackSpace 键，或者将项目拖曳至删除图标按钮上，即可删除框架内容。

3．剪切框架内容

使用工具箱中的【直接选择工具】，选择要剪切的框架内容，执行【编
辑】|【剪切】命令，在要放置内容的版面上执行【编辑】|【粘贴】命令，
如图 3-18 所示。

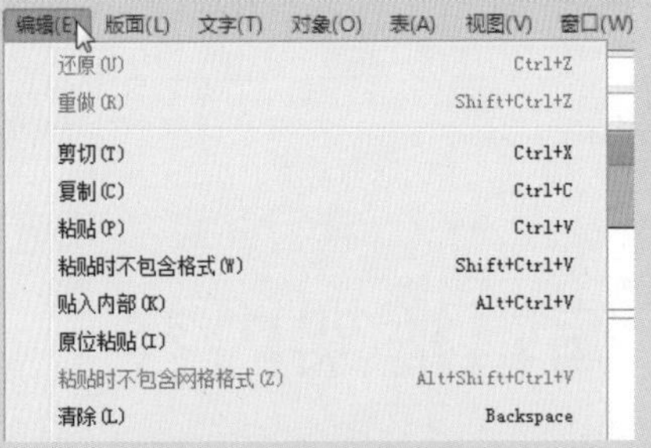

图 3-18　剪切复制和粘贴

■ 3.2.2　替换框架内容

InDesign 在制作作品时可直接替换框架中原有内容，既方便又快捷，
具体操作步骤如下。

01 选择工具箱中的【直接选择工具】，如图 3-19 所示。

02 利用【直接选择工具】在框架上单击，选中框架中原有的
内容，效果如图 3-20 所示。

03 执行【文件】|【置入】命令，打开【置入】对话框，从中选择图片文件，单击【确定】按钮，即可替换原来的内容，效果如图 3-21 所示。

图 3-19 直接选择工具

图 3-20 直接选择效果

图 3-21 替换内容

■ 3.2.3 移动框架

当选择工具箱中的【选择工具】移动框架时，框架的内容也会一起移动。移动框架或移动其内容的方法有如下几种。

（1）若要将框架和内容一起移动，则可以选择【选择工具】。

（2）若要移动导入内容而不移动框架，则可以选择【直接选择工具】。将【直接选择工具】放置到导入图形上时，它会自动变为抓手工具，随后进行拖动即可移动所导入的内容，如图 3-22、图 3-23 所示。

图 3-22 选择图像

图 3-23 拖曳效果

（3）若要移动框架而不移动内容，则可以选择【直接选择工具】，单击框架中心点以使所有锚点都变为实心（鼠标光标变为黑色实心的时候拖动鼠标），然后拖动该框架。在此，不要拖动框架的任一锚点；否则会改变框架的形状，如图 3-24、图 3-25 所示。

图 3-24 单击框架

图 3-25 拖动框架

■ 3.2.4 调整框架

默认情况下，将一个对象放置或粘贴到框架中时，它会出现在框架的左上角。若框架和其内容的大小不同，则在框架上右击，在弹出的快捷菜单中执行【适合】|【使内容适合框架】命令，如图 3-26 所示，以实现框架和图片的自动吻合，效果如图 3-27 所示。

图 3-26 选择【使内容适合框架】命令　　　　　　图 3-27 适合效果

　　【适合】命令会调整内容的外边缘以适合框架描边的中心。如果框架的描边较粗，内容的外边缘将被遮盖。用户可以将框架的描边对齐方式调整为与框架边缘的中心、内边或外边对齐。

　　此外，使用【文本框架选项】对话框和【段落】、【段落样式】及【文章】面板，可以控制文本自身的对齐方式和定位。即选择对象的框架后，执行【对象】|【适合】菜单项中的级联菜单命令即可，如图 3-28 所示。

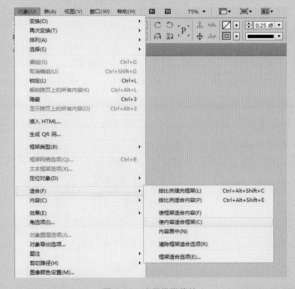

图 3-28 应用级联菜单

　　【适合】菜单项下的各选项含义如下。

- 按比例填充框架：调整内容大小以填充整个框架，同时保持内容的比例，框架的尺寸不会更改，如果内容和框架的比例不同，框架的外框将会裁剪部分内容。
- 按比例适合内容：调整内容大小以适合框架，同时保持内容的比例，框架的尺寸不会更改，如果内容和框架的比例不同，将会导致一些空白区，效果如图 3-29、图 3-30 所示。

操作技巧

　　使用工具箱中的【直接选择工具】选择框架，通过查看控制栏中的【X 水平缩放百分比】和【Y 垂直缩放百分比】的数值可以判别框架中图像的缩放，大于 100% 是放大，小于 100% 则是缩小。

图 3-29　图像原效果　　　　　　　　　　　图 3-30　按比例适合内容

- 使框架适合内容：调整框架大小以适合其内容。如有必要，可
  改变框架的比例以匹配内容的比例。要使框架快速适合其内容，
  可双击框架上的任一角手柄。框架将向远离单击点的方向调整
  大小。如果单击边手柄，则框架仅在该维空间调整大小。
- 使内容适合框架：调整内容大小以适合框架并允许更改内容比
  例。框架不会更改，但是如果内容和框架具有不同比例，则内
  容可能显示为拉伸状态，如图 3-31 所示为原始状态，如图 3-32
  所示为【使内容适合框架】后的效果。

图 3-31　图像原效果　　　　　　　　　　　图 3-32　使内容适合框架

- 内容居中：将内容放置在框架的中心，框架及其内容的比例会
  被保留，内容和框架的大小不会改变，效果如图 3-33 所示。

图 3-33　内容居中

- 清除框架适合选项：清除框架适合选项中的设置，将其中的参
  数变为默认状态。若要将对象还原为设置框架适合选项前的状

态，须先选择【清除框架适合选项】命令，再选择【框架适合选项】命令，直接单击【确定】按钮即可。需要注意的是，在选择【清除框架适合选项】命令之前，必须使用【选择工具】选中对象，而非用【直接选择工具】。

小试身手——创建特殊边框效果

图形框架非常适合用作其内容的边框或背景，可以改变框架的描边以及独立于内容进行填充。向图形框架添加边框后的效果如图 3-34、图 3-35、图 3-36 所示。

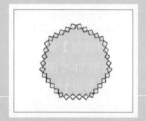
图 3-34 原图效果

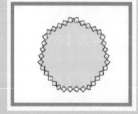
图 3-35 内容描边

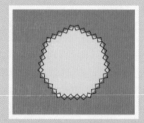
图 3-36 内容填充

向图形框架添加边框的操作步骤如下。

01 选择工具箱中的【选择工具】，单击导入图形以选择框架。随后放大框架而不调整图形大小，拖动任一外框手柄。

02 双击工具箱中的【描边/填充】组的描边工具，如图 3-37 所示，弹出【拾色器】对话框，选择描边的颜色如图 3-38 所示。

03 打开【描边】面板来调整框架的描边粗细、样式和对齐方式，如图 3-39 所示。

04 打开【颜色】面板，选择工具箱中的【描边和填充】工具，可以设置框架的填充颜色。

> **操作技巧**
>
> 选择【直接选择工具】，将面板参考点定位器 ⊞ 设置到中心点，然后输入新的宽度和高度值，即可改变框架和内容的大小。

图 3-37 描边工具

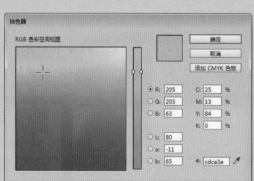
图 3-38 【拾色器】对话框

图 3-39 【描边】面板

3.3 使用图层

每个文档都至少包含一个已命名的图层，通过使用多个图层，可以创建和编辑文档中的特定区域或各种内容，而不会影响其他区域或其他种类的内容。还可以使用图层来为同一个版面显示不同的设计思路，或者为不同的区域显示不同版本的广告。

■ 3.3.1 创建图层

执行【窗口】|【图层】命令，打开如图 3-40 所示【图层】面板。使用【图层】面板菜单上的【创建图层】命令，或【图层】面板底部的【创建新图层】按钮来添加图层。

图 3-40 【图层】面板

在此要说明的是，若要在【图层】面板列表的顶部创建一个新图层，则可以单击【新建图层】按钮。若要在选定图层上方创建一个新图层，则可在按住 Ctrl 键的同时单击【创建新图层】按钮。若要在所选图层下方创建新图层，则可在按住 Ctrl+Alt 快捷键的同时单击【新建图层】按钮。

■ 3.3.2 编辑图层

InDesign CC 拥有强大的图层功能，可以将页面中不同类型的对象置于不同的图层中，便于用户进行编辑和管理。此外，对于图层中不同类型的对象还可以设置透明、投影、羽化等多种特殊效果，使页面效果更加丰富、完美。

1. 图层选项

选择【图层】面板中的【创建新图层】按钮或双击现有的图层，如图 3-41 所示；弹出的【图层选项】对话框，如图 3-42 所示。

图 3-41　创建新图层

图 3-42　【图层选项】对话框

【图层选项】对话框中各选项的含义如下。

- 颜色：选择此选项指定颜色以标识该图层上的对象，单击【图层选项】面板中的【颜色】下拉按钮，在弹出的下拉列表中可以为图层指定一种颜色。

- 显示图层：选择此选项以使图层可见，其与在【图层】面板中使用眼睛图标可见的效果相同。

- 显示参考线：选择此选项可以使图层上的参考线可见。若没有为图层选择此选项，即使通过为文档执行【视图】【显示参考线】命令，参考线也不可见。

- 锁定图层：选择此选项可以防止对图层上的任何对象进行更改，其与在【图层】面板中使用交叉铅笔图标可见的效果相同。

- 锁定参考线：选择此选项可以防止对图层上的所有标尺参考线进行更改。

- 打印图层：选择此选项可使图层被打印。当打印或导出至 PDF 时，可以决定是否打印隐藏图层和非打印图层。

- 图层隐藏时禁止文本绕排：选择此选项可在图层处于隐藏状态并且该图层包含应用了文本绕排的文本时，使其他图层上的文本正常排列。

2. 图层颜色

指定图层颜色便于区分不同选定对象的图层。对于包含选定对象的每个图层，【图层】面板都将以该图层的颜色显示一个点，如图 3-43 所示。

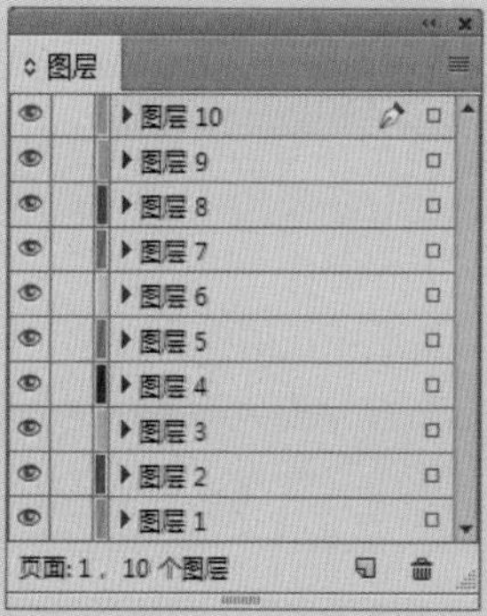

图 3-43　指定图层颜色

3.4　对象效果

在 InDesign CC 中，用户可以通过不同的方式在图像中加入透明效果。除此以外，还可以对对象添加投影、边缘羽化或者置入其他软件中制作的带有透明属性的原始文件。

执行【对象】|【效果】命令，可以看到对象的各种效果选项，如图 3-44 所示。

图 3-44　效果选项

■ 3.4.1　透明度效果

使用【透明度】面板，可以指定对象的不透明度以及与其下方对象的混合方式，既可以选择对特定对象执行分离混合，也可以选择让对象挖空某个组中的对象，而不是与之混合。

可以将透明度应用于选定的若干对象和组（包括图形和文本框架），但不能应用于单个字符或图层，也不能对同一对象的填色和描边运用不同的透明度值。不过，在默认情况下，选择其中一个对象或组，然后应用透明度设置，将会导致整个对象（包括描边和填色）或整个群组发生变化。

默认情况下，创建对象或描边、应用填色或输入文本时，这些项目显示为实底状态，即不透明度为 100%，可以通过多种方式使项目透明化。例如，可以将不透明度从 100%（完全不透明）改变到 50%（半透明），以及各种百分比，如图 3-45、图 3-46 所示。

图 3-45　原图效果　　　　图 3-46　设置透明度效果

InDesign CC 2017 提供了 9 种对象效果，依次为投影、内阴影、外发光、内发光、斜面和浮雕、光泽、基本羽化、定向羽化、渐变羽化，对象效果如图 3-47 所示。

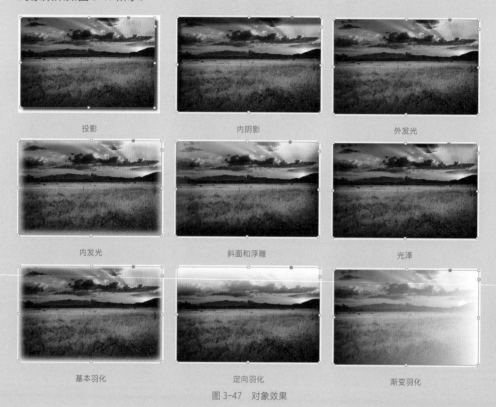

投影　　　　　　　　　　内阴影　　　　　　　　　　外发光

内发光　　　　　　　　　斜面和浮雕　　　　　　　　光泽

基本羽化　　　　　　　　定向羽化　　　　　　　　　渐变羽化

图 3-47　对象效果

■ 3.4.2　混合模式

使用【透明度】面板中的混合模式，可在两个重叠对象间混合颜色。执行【对象】|【效果】|【透明度】命令，弹出【效果】对话框，单击左侧的【透明度】选项，则右侧显示出【透明度】设置面板，如图 3-48 所示。

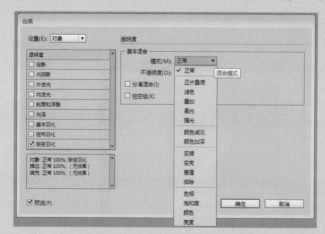

图 3-48　【透明度】设置面板

3.5 课堂练习——设计与制作道路宣传展板

本章节将讲解如何制作户外宣传展板，户外宣传展板主要用于宣传与传播信息，字少且醒目，让人一目了然，记忆深刻。

下面讲解制作道路宣传展板的具体操作步骤。

01 启动 InDesign CC 2017，在开始界面中单击【新建】按钮，打开【新建文档】对话框，设置【页数】为 1，取消右侧【对页】复选框的勾选，在【页面大小】选项组中，设置【宽度】为 290mm，【高度】为 190mm，如图 3-49 所示。

02 单击右下角的【边距和分栏】按钮，打开【新建边距和分栏】对话框，从中设置【边距】各为 10mm，如图 3-50 所示。

图 3-49 【新建文档】对话框   图 3-50 设置边距和分栏

操作技巧

如果页面中有太多图层，每个步骤制作完成之后，按 Ctrl+L 快捷键，可将其锁定。

03 选择【矩形框架工具】，绘制和页面相同大小的矩形框架，执行【文件】|【置入】命令，置入素材文件"天空 .jpg"，并调整框架内图像的大小及位置，如图 3-51 所示。

04 选择【矩形框架工具】，绘制矩形框架，执行【文件】|【置入】命令，置入素材文件"草坪 .png"，如图 3-52 所示。

图 3-51 置入素材   图 3-52 置入素材

05 将鼠标指针移动至矩形框架中心,当出现透明圆环时,单击鼠标,将框架内图片选中,调整框架内图像的大小及位置,如图 3-53 所示。

06 右击鼠标,执行【显示性能】|【高品质显示】命令,使图片显示得更清晰,如图 3-54 所示。

图 3-53　调整大小

图 3-54　选择【高品质显示】选项

07 使用同样方法,置入素材文件"建筑 .png",并调整框架内图像的大小及位置,设置其显示性能为高品质显示,效果如图 3-55 所示。

08 使用【选择工具】,按 Ctrl+[快捷键,移动其至最后一层,效果如图 3-56 所示。

图 3-55　置入素材文件

图 3-56　调整图层

09 按 Alt+Shift 快捷键,将其水平复制至矩形框架左侧位置,如图 3-57 所示。

10 使用同样方法,置入素材文件"马路 .png",并调整框架内图像的大小及位置,设置其显示性能为高品质显示,效果如图 3-58 所示。

图 3-57　复制矩形框架

图 3-58　调整大小及位置

11 使用同样方法，置入素材文件"云 1.png"，并调整框架内图像的大小及位置，设置其显示性能为高品质显示，效果如图 3-59 所示。

12 执行【窗口】|【图层】命令，在【图层】面板中，拖动鼠标，将"云 1.png"图层拖至"建筑"图层的下方，如图 3-60 所示。

图 3-59 置入素材　　　　　　　　　　图 3-60 调整图层

13 在控制面板中，设置其【透明度】为 55%，效果如图 3-61 所示。

14 使用同样方法，置入素材文件"云 2.png"，并调整框架内图像的大小及位置，设置其显示性能为高品质显示，效果如图 3-62 所示。

图 3-61 设置透明度　　　　　　　　　　图 3-62 置入素材

15 将鼠标指针移动至框架 4 个角的任意控制点处，当光标变为 ↻ 时，拖动鼠标旋转矩形框架至合适角度，并移动至合适位置，如图 3-63 所示。

16 在界面上方的控制面板中，设置【透明度】为 46%，效果如图 3-64 所示。

17 在【图层】面板中使用同样的方法，将其移动至"建筑"图层的下方，如图 3-65 所示。

18 在页面右侧绘制矩形框架，置入素材文件"挖掘机 .png"，并调整框架内图像的大小及位置，设置其显示性能为高品质显示，如图 3-66 所示。

图 3-63　旋转角度

图 3-64　调整透明度

图 3-65　调整图层

图 3-66　置入素材

⑲ 在"建筑"下方绘制矩形框架，置入素材文件"树 .png"，并调整框架内图像的大小及位置，设置其显示性能为高品质显示，如图 3-67 所示。

⑳ 按 Alt 键，将树复制至建筑右侧，缩放其大小以符合近大远小的原则，如图 3-68 所示。

图 3-67　置入素材

图 3-68　复制并移动

㉑ 在"建筑"下方绘制矩形框架，置入素材文件"树 2.png"，并调整框架内图像的大小及位置，设置其显示性能为高品质显示，如图 3-69 所示。

㉒ 使用同样的方法置入素材文件"星光 .png""和平鸽 .png""花 .png""树叶 .png""标牌 .png"，调整其位置、大小及角度等，如图 3-70 所示。

图 3-69　置入素材

图 3-70　置入其他素材

23 根据配图排版，选中"天空"图层，移动其框架内图片的位置，使其整体颜色变亮，如图 3-71 所示。

24 选择矩形框架，设置【颜色】为蓝色（C：100，M：86，Y：6，K：0），如图 3-72 所示。

图 3-71　调整"天空"图片位置

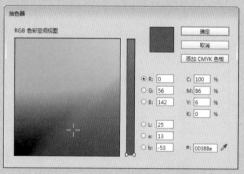

图 3-72　设置颜色

25 调整其位置，效果如图 3-73 所示。

26 右击鼠标，执行【效果】|【透明度】命令，在打开的【效果】对话框中，设置其参数，如图 3-74 所示。

图 3-73　调整位置

图 3-74　【效果】对话框

27 单击【渐变羽化】，设置相关参数，如图 3-75 所示。单击【确定】按钮，效果如图 3-76 所示。

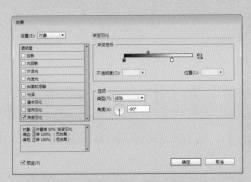

图 3-75 设置渐变羽化

图 3-76 渐变羽化效果

28 在【图层】面板中,拖动矩形图层至"云 2"图层上方,如
图 3-77 所示。

29 在工具栏中选择【钢笔工具】,单击鼠标确定起始锚点,
开始绘制形状,继续单击鼠标绘制弧形路径,如图 3-78 所示。

图 3-77 调整图层

图 3-78 确定起始锚点

30 单击锚点处,删除右侧控制柄,以方便下一处路径的绘制,
如图 3-79 所示。

31 使用同样方法,完整绘制一个闭合路径,设置其【填色】
为黄色(C:15,M:10,Y:89,K:0),【描边】为无,效
果如图 3-80 所示。

图 3-79 绘制路径

图 3-80 设置填色

32 在【图层】面板中,移动"路径"图层至"云 2"图层的上
方,如图 3-81 所示。移动的效果如图 3-82 所示。

图 3-81　调整图层　　　　　　　　　　　　图 3-82　调整效果

33 选中路径，右击鼠标，执行【效果】|【基本羽化】命令，在【效果】对话框中设置其参数，使其天空的颜色与草坪的颜色相互融合，如图 3-83 所示。基本羽化的效果如图 3-84 所示。

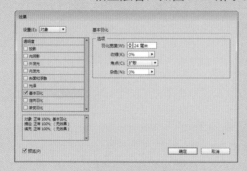

图 3-83　设置基本羽化　　　　　　　　　　图 3-84　基本羽化效果

34 选择【文字工具】，绘制两个文本框架，输入文字内容"强化安全意识，推动安全发展"，在【字符】面板中设置字体、字号，如图 3-85 所示。

35 使用【选择工具】，将其移动至合适位置，如图 3-86 所示。

图 3-85　设置字体、字号　　　　　　　　　图 3-86　调整位置

36 选中两个文本框架，右击鼠标，执行【效果】|【外发光】命令，在【效果】对话框中设置【模式】与【不透明度】，如图 3-87 所示。

37 单击【模式】选项右侧的颜色方块，设置发光颜色，在打开的【效果颜色】对话框中，设置【颜色】为蓝色（C：100，M：90，Y：10，K：0），如图 3-88 所示。

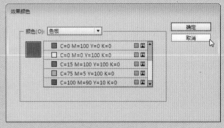

图 3-87　【效果】对话框　　　　　　　　　　　　　　　图 3-88　【效果颜色】对话框

38 单击【确定】按钮，设置外发光效果如图 3-89 所示。

39 选择【文字工具】，再次绘制两个文本框架，输入文本内容，设置【颜色】为白色，在【字符】面板中设置字体、字号，调整其至合适位置，如图 3-90 所示。

图 3-89　外发光效果　　　　　　　　　　　　　　　图 3-90　输入文本内容

40 选择【文字工具】，绘制文本框架，输入文本内容，在【字符】面板中设置其"安全"的字号为 12 点，Safe 的字号为 10 点，并移动其至"标牌"上方，如图 3-91、图 3-92 所示。

图 3-91　输入文本内容　　　　　　　　　　　　　　　　图 3-92　设置字体、字号

41 选择【矩形工具】，绘制框架，执行【文件】|【置入】命令，置入素材文件"飞机 .png"，将其移动至合适位置并缩放大小，如图 3-93 所示。

42 选择【钢笔工具】，设置【填色】为黑色，【描边】为无，绘制图形，将飞机的尾部喷气全部覆盖，如图 3-94 所示。

图 3-93　置入素材　　　　　　　　　　　　　　　　　　图 3-94　绘制路径

43 按 Shift 键，加选"飞机"，执行【对象】|【路径查找器】|【减去】命令，效果如图 3-95 所示。

44 选择【钢笔工具】，在飞机后方绘制一个闭合路径，设置【填色】为白色，【描边】为无，如图 3-96 所示。

图 3-95　减去图形　　　　　　　　　　　　　　　　　　图 3-96　绘制路径

45 使用【钢笔工具】，在其下方绘制一个闭合路径，设置【填色】为白色，【描边】为无，如图 3-97 所示。

46 按 Shift 键选择两个闭合路径，右击鼠标，执行【效果】|【透明度】命令，在【效果】对话框中设置其参数，如图 3-98 所示。

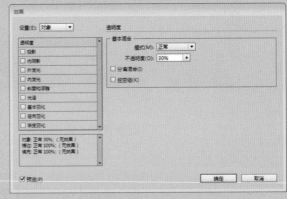

图 3-97　再次绘制路径　　　　　　　　　　　　图 3-98　【效果】对话框

47 在【效果】对话框中，单击【渐变羽化】，勾选其前方的复选框，设置其参数，如图 3-99 所示。渐变羽化效果如图 3-100 所示。

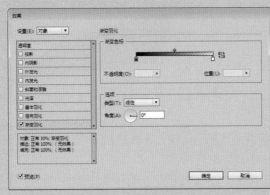

图 3-99　设置【渐变羽化】　　　　　　　　　　图 3-100　渐变羽化效果

48 选择【矩形工具】，绘制框架，执行【文件】|【置入】命令，置入素材文件"光圈 .png"，将其移动至合适位置并缩放其大小、旋转其角度（65°），效果如图 3-101 所示。

49 右击鼠标，执行【效果】|【透明度】命令，在【透明度】选项面板中设置其【模式】为滤色，如图 3-102 所示。

图 3-101　置入素材

图 3-102　【效果】对话框

50 在【效果】对话框中，单击【渐变羽化】，勾选其前方的复选框，设置其参数，如图 3-103 所示。渐变羽化效果如图 3-104 所示。

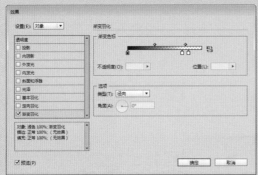

图 3-103　【效果】面板

图 3-104　渐变羽化效果

51 按 Alt 键，复制光圈至页面右侧，将其移动至合适位置并缩放其大小、旋转其角度，如图 3-105 所示。最终设计效果如图 3-106 所示。

图 3-105　调整大小、位置

图 3-106　最终效果

强化训练

项目名称　设计活动宣传页

项目需求

　　某网站委托制作一张尺寸为 210mm×95mm 的活动宣传页，要求风格轻松活泼，符合新一代的年轻人的审美眼光，目的用于吸引更多的用户关注，并积极主动参与此次的活动，增加网站影响力，提高知名度。

项目分析

　　根据客户要求，选用黄色作为背景颜色，加入时下最流行的手绘插画元素，使宣传页的整体风格轻松明快，并夺人眼球。文字排版使用倾斜手法，富于变化且不显杂乱。

项目效果

　　项目效果如图 3-107 所示。

图 3-107　活动宣传页效果图

操作提示

01　使用绘图工具制作宣传页背景。

02　使用【矩形工具】绘制矩形框架，置入素材并调整大小。

03　使用文本工具制作主要信息，完成案例制作。

CHAPTER 04

文本的应用

本章概述 SUMMARY

文字是版面设计中的一个核心部分，在版面设计工作中要把文字的视觉传达放在首位。本章将主要介绍文本工具的使用方法与使用技巧等。

■ 学习目标
　√ 熟悉文字工具的使用
　√ 掌握设置文本格式
　√ 掌握文本绕排方式
　√ 熟练使用定位符与脚注

◎菜单封面效果

◎菜单内页效果

4.1 创建文本

文字是设计中的核心部分。本节介绍如何把文字放置到版面中，以及调整文字的分布，使其与其他素材协调一致。

■ 4.1.1 使用文字工具

文字是构成版面的核心元素。由于文字字体的视觉差别，因此就产生了多种不同的表现手法和形象，首先通过文字工具的框架将其放置到版面中。

单击工具栏中的【文字工具】，在弹出的工具选项栏中可选择文字工具、直排文字工具、路径文字工具、垂直路径文字工具，如图 4-1 所示。当鼠标指针变为文字工具后，按住鼠标左键不放并拖动，便可拉出一文本框，如图 4-2 所示。

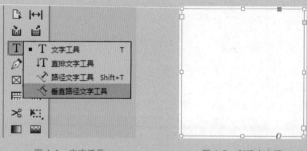

图 4-1 文字工具　　　　　　　　　　图 4-2 创建文本框

要更改文本框的各项属性，执行【对象】|【文本框架选项】命令，在弹出的【文本框架选项】对话框中设置栏数、栏间距、内边距、文本绕排等，如图 4-3 所示。选择【基线选项】选项卡，可以对首行基线与基线网格进行相应设置，如图 4-4 所示。

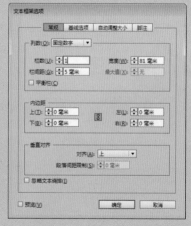

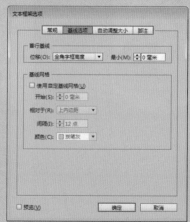

图 4-3 【文本框架选项】对话框　　　　　　　图 4-4 基线选项

选择【自动调整大小】选项卡，可以自动对宽度和高度进行调整，如图 4-5 所示。选择【脚注】选项卡，可以进行脚注的标注，如图 4-6 所示。

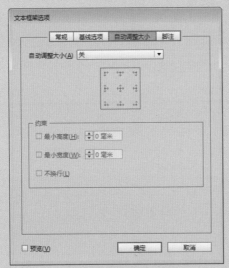

图 4-5　自动调整大小　　　　　　　　　图 4-6　标注脚注

■ 4.1.2　使用网格工具

由于汉字的特点，在排版中出现了网格工具，使用它可以很方便地确定字符的大小与其内间距，使用方法和纯文本工具大体相同。

单击【水平网格工具】或【垂直网格工具】按钮，如图 4-7 所示。待鼠标光标发生变化后，在编辑区中单击并拖出文本框即可，如图 4-8 所示。

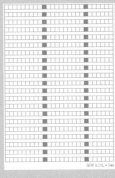

图 4-7　水平网格工具　　　　　　　　　图 4-8　网格效果

若要调整网格工具的各项属性，可以参照纯文本工具的属性更改方法，如图 4-9 所示。单击【框架网格选项】按钮，弹出【框架网格】面板可以对所要设置文字的字体、大小、字间距、对齐方式、视图选项、行与栏数进行相应设置，如图 4-10 所示。

图 4-9　框架网格

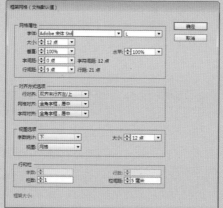

图 4-10　设置框架网格

小试身手——将已有文本置入 InDesign 中

文本的置入操作很简单，其具体操作介绍如下。

01 执行【文件】|【置入】命令或按 Ctrl+D 快捷键，如图 4-11 所示。

02 选择文本文件，单击【打开】按钮，如图 4-12 所示。

图 4-11　置入文件

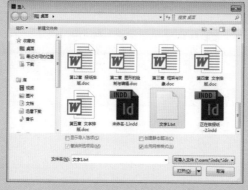

图 4-12　选择文件

03 在页面中按住鼠标左键不放，并拖动鼠标拉出文本框，在【字符】面板中设置文字各项参数，效果如图 4-13 所示。

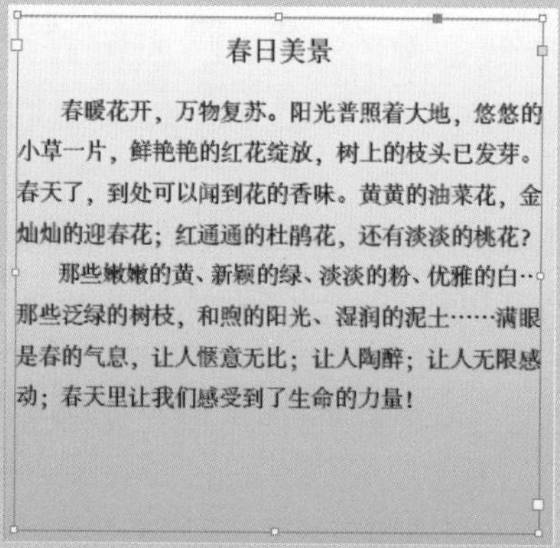

春日美景

　　春暖花开，万物复苏。阳光普照着大地，悠悠的小草一片，鲜艳艳的红花绽放，树上的枝头已发芽。春天了，到处可以闻到花的香味。黄黄的油菜花，金灿灿的迎春花；红通通的杜鹃花，还有淡淡的桃花？

　　那些嫩嫩的黄、新颖的绿、淡淡的粉、优雅的白……那些泛绿的树枝，和煦的阳光、湿润的泥土……满眼是春的气息，让人惬意无比；让人陶醉；让人无限感动；春天里让我们感受到了生命的力量！

图 4-13　文本框架

■ 4.1.3　设置文本格式

文本格式包括字号、字体、字间距、行距、文本缩进、段首大字等文字与段落之间的各项属性。通过调整文字之间的距离、行与行之间的距离，以达到整体的美观。通过调整文本格式，可以实现文字段落的搭配与构图，以满足排版需要。

1．设置文字

在 InDesign CC 2017 中，用户可以根据需要设置文本的字体、字号、行距、垂直缩放、水平缩放、对齐方式、缩进距离等各项参数。

在置入文本后，使用文本工具选中置入文字，如图 4-14 所示。将鼠标移动到控制栏，在窗口中对字体与字号进行设置，还可以在字体与字号窗口后面分别单击下三角按钮，在弹出的下拉菜单中选择字体与字号，如图 4-15 所示。

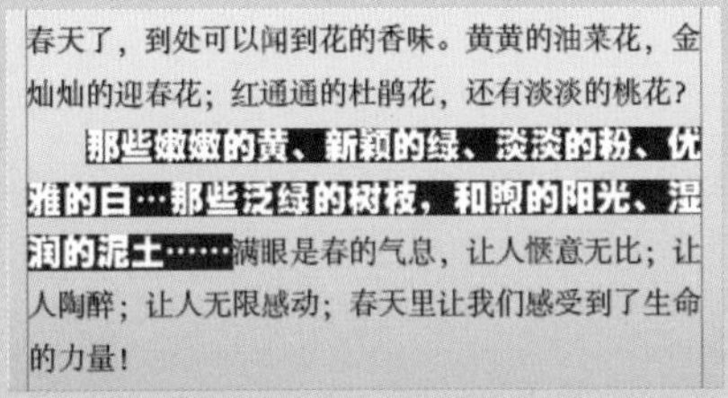

春天了，到处可以闻到花的香味。黄黄的油菜花，金灿灿的迎春花；红通通的杜鹃花，还有淡淡的桃花？

那些嫩嫩的黄、新鲜的绿、淡淡的粉、优雅的白…那些泛绿的树枝，和煦的阳光，湿润的泥土……满眼是春的气息，让人惬意无比；让人陶醉；让人无限感动；春天里让我们感受到了生命的力量！

图 4-14　选中文字

图 4-15　文字样式

在工具栏中双击【文字填充工具】，可对字体颜色作相应调整，如图 4-16 所示。单击【描边颜色工具】，再次双击可对【描边】的颜色进行设置，如图 4-17 所示。用户还可利用【描边】面板设置文本描边与填充颜色，如图 4-18 所示。

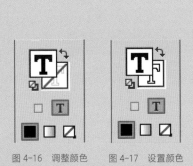

图 4-16　调整颜色　　图 4-17　设置颜色 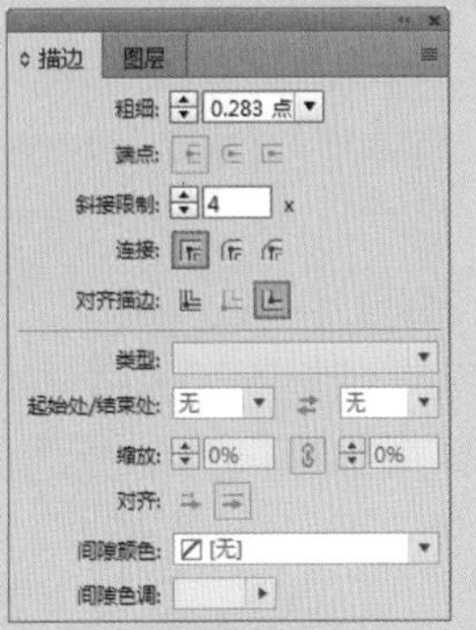　　图 4-18　设置描边

2．设置段落文本

设置段落属性是文字排版的基础工作，正文中的段首缩进、文本的对齐方式、标题的控制均需在设置段落文本中实现。使用

工具栏中的工具进行自由设置，也可在【文字】菜单中进行段落格式的设置。

　　使用文本工具选中文字，执行【窗口】|【文字和表】|【段落】命令，打开【段落】面板，设置各项参数，如图 4-19 所示。

图 4-19 　【段落】面板

4.2　文本绕排

　　InDesign 可以对任何图形框使用文本绕排，当对一个对象应用文本绕排时，InDesign 中会为这个对象创建边界以阻碍文本。

　　执行【窗口】|【文本绕排】命令，打开【文本绕排】面板，其中文本绕排包括四种方式：沿定界框绕排、沿对象形状绕排、上下型绕排、下型绕排，如图 4-20 所示。

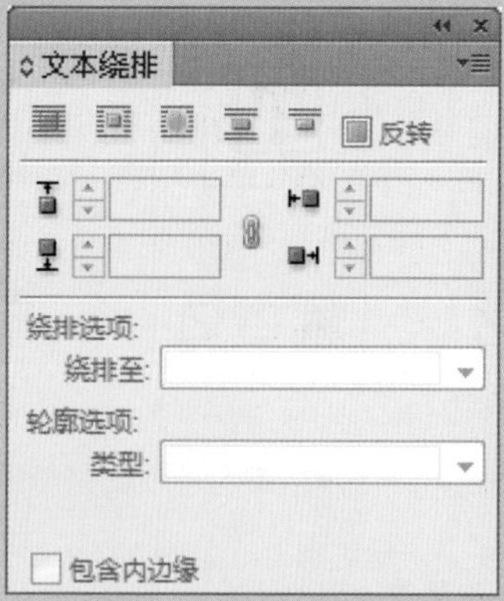

图 4-20 　【文本绕排】面板

■ 4.2.1　沿定界框绕排

　　创建一个定界框绕排，其宽度和高度由所选对象的定界框（包括指定的任何偏移距离）确定。在【文本绕排】面板中单击【沿定界框绕排】按钮，如图 4-21 所示。

　　执行【文件】|【置入】命令，在【置入】对话框中选择图片素材，单击【打开】按钮，置入文本；再用同样的方法置入文本素材，单击【打开】按钮，置入图片，当单击【沿定界框绕排】选项后，效果如图 4-22 所示。

图 4-21　沿定界框绕排　　　　　　　　　　　图 4-22　绕排效果

　　当选择沿定界框绕排选项，左位移为 5 毫米、右位移为 5 毫米时，效果如图 4-23 所示。【绕排选项】中还可设置【绕排至】选项包括右侧、左侧、左侧和右侧、朝向书脊侧、背向书脊侧、最大区域，如图 4-24 所示。

图 4-23　绕排效果　　　　　　　　　　　　　图 4-24　【绕排至】选项

■ 4.2.2　沿对象形状绕排

　　沿对象形状绕排也称为轮廓绕排，绕排边缘和图片形状相同。单击【轮廓选项】下的类型列表框，包括定界框、检测边缘、Alpha 通道、Photoshop 路径、图形框架、与剪切路径相同和用户修改的路径选项，如图 4-25 所示。

图 4-25　轮廓选项

各选项功能介绍如下。

1．定界框

定界框是将文本绕排至由图像的高度和宽度构成的矩形。当在【轮廓选项】组的【类型】列表框中选择定界框时，效果如图 4-26 所示。

2．检测边缘

检测边缘是使用自动边缘检测生成边界。要调整边缘检测，应先选择对象，执行【对象】|【剪切路径】|【选项】命令。当在【轮廓选项】选项组的【类型】列表框中选择【检测边缘】时，效果如图 4-27 所示。

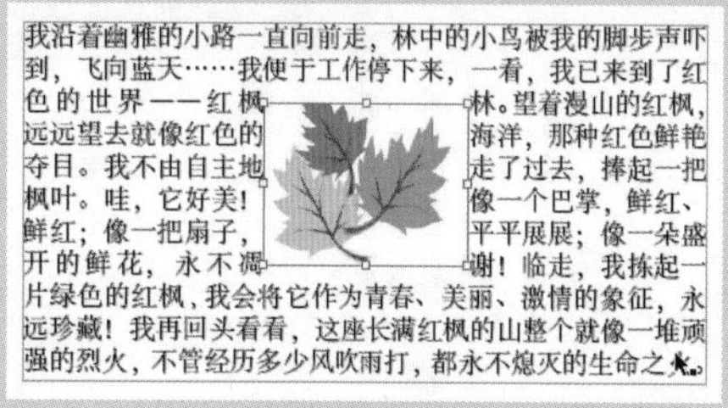

图 4-26　定界框 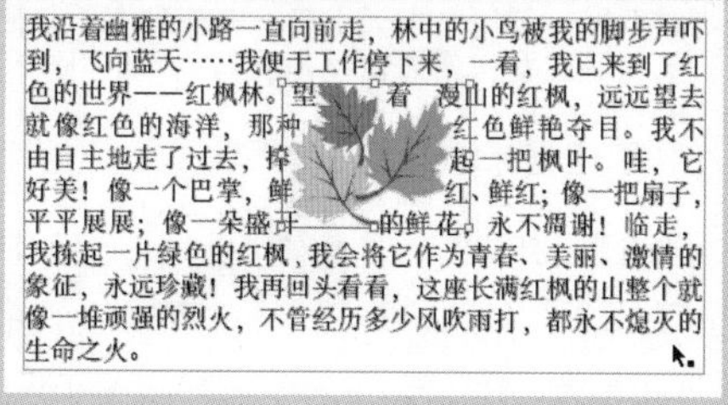　　　　　　　　　　图 4-27　检测边缘

3．Alpha 通道

Alpha 通道是用随图像存储的 Alpha 通道生成边界。如果此选项不可用，则说明没有随该图像存储任何 Alpha 通道。InDesign 将 Photoshop 中的默认透明度（跳棋盘图案）识别为 Alpha 通道；否则，必须使用 Photoshop 来删除背景，或者创建一个或多个 Alpha 通道并将其与图像一起存储。

4．Photoshop 路径

Photoshop 路径是用随图像存储的路径生成边界。选择【Photoshop

路径】，然后从【路径】菜单中选择一个路径。若【Photoshop 路径】选项不可用，则说明没有随该图像存储任何已命名的路径。

5．图形框架

　　图形框架是用容器框架生成边界。当在【轮廓选项】组的【类型】列表框中选择【图形框架】时，效果如图 4-28 所示。

6．与剪切路径相同

　　与剪切路径相同是用导入的图像的剪切路径生成边界。当在【轮廓选项】组的【类型】列表框中选择【与剪切路径相同】时，效果如图 4-29所示。

图 4-28　图形框架

图 4-29　与剪切路径相同

4.2.3　上下型绕排

　　上下型绕排是将图片所在栏中左右的文本全部排开至图片的上方和下方。

小试身手——文字自行让路

　　下面介绍上下型绕排的具体操作方法。

01 绘制一个高度为 31 毫米、宽度为 33 毫米的椭圆框架，并复制两份，放在如图 4-30 所示的位置。

02 执行【文件】|【置入】命令，置入三张图片，置入图片后调整图片，使图片适合框架，效果如图 4-31 所示。

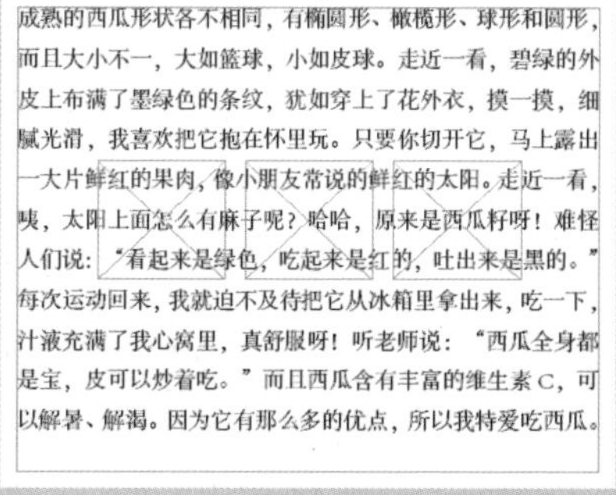

图 4-30　绘制框架

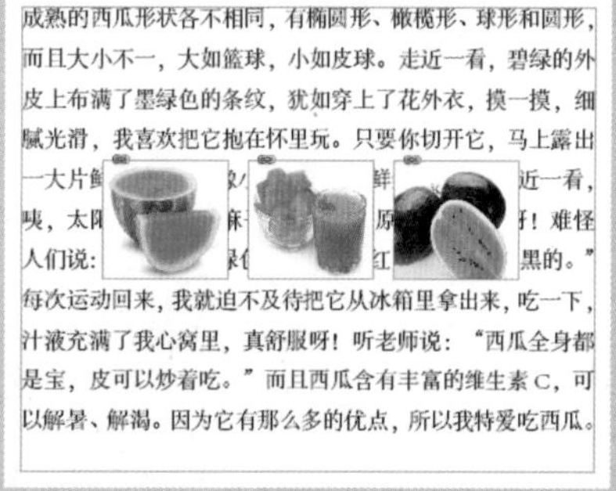

图 4-31　放入图像

03 选择三个椭圆框架，在【文本绕排】面板中选择【上下型绕排】选项，效果如图 4-32 所示。

成熟的西瓜形状各不相同，有椭圆形、橄榄形、球形和圆形，而且大小不一，大如篮球，小如皮球。走近一看，碧绿的外皮上布满了墨绿色的条纹，犹如穿上了花外衣，摸一摸，细腻光滑，我喜欢把它抱在怀里玩。只要你切开它，马上露出

一大片鲜红的果肉，像小朋友常说的鲜红的太阳。走近一看，咦，太阳上面怎么有麻子呢？哈哈，原来是西瓜籽呀！难怪人们说：“看起来是绿色，吃起来是红的，吐出来是黑的。”每次运动回来，我就迫不及待把它从冰箱里拿出来，吃一下，汁液充满了我心窝里，真舒服呀！听老师说：“西瓜全身都

图 4-32　上下型绕排

■ 4.2.4　下型绕排

下型绕排是将图片所在栏中图片上边缘以下的所有文本都排开至下一栏，效果如图 4-33 所示。

成熟的西瓜形状各不相同，有椭圆形、橄榄形、球形和圆形，而且大小不一，大如篮球，小如皮球。走近一看，碧绿的外皮上布满了墨绿色的条纹，犹如穿上了花外衣，摸一摸，细腻光滑，我喜欢把它抱在怀里玩。只要你切开它，马上露出

图 4-33　下型绕排

提示一下

在选择一种绕排方式后，可设置输入【偏移值】和【轮廓选项】两项的值。

其中各选项介绍如下。

- 输入偏移值：正值表示文本向外远离绕排边缘，负值表示文本向内进入绕排边缘。
- 轮廓选项：仅在使用【沿形状绕排】时可用，可以指定使用何种方式定义绕排边缘，可选择项有图片边框（图片的外形）、探测边缘、Alpha 通道、Photoshop 路径（在 Photoshop 中创建的路径，不一定是剪辑路径）、图片框（容纳图片的图片框）和剪辑路径。

4.3　使用定位符与脚注

InDesign 不仅具有丰富的格式设置项，而且具有快速对齐文本的定位符对话框，使用该功能可以方便、快速地对齐段落和特殊字符对象；同时也可以灵活地加入脚注，使版面内容更加丰富，便于读者阅览。

■ 4.3.1　项目符号和编号

项目符号是指为每一段的开始添加符号。编号是指为每一段的开始添加序号。如果向添加了编号列表的段落中添加段落或从中移去段落，则其中的编号会自动更新。

1. 项目符号

选择需要添加项目符号的段落，在【段落】面板中单击【折叠】按钮，选择【项目符号和编号】选项，如图4-34所示。打开【项目符号和编号】对话框，在【列表类型】选项的下拉列表中选择【项目符号】选项，勾选【预览】复选框，在【项目符号字符】选项中单击需要添加的符号，单击【确定】按钮，如图4-35所示。

图 4-34　【段落】面板

图 4-35　选择项目符号

2. 编号

在【项目符号和编号】对话框中的【列表类型】选项的下拉列表中选择【编号】选项，可以为选择的段落添加偏号，如图4-37所示。

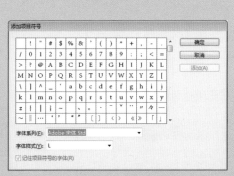

图 4-36　添加项目符号

图 4-37　选择编号

【编号样式】区域的【格式】选项可设置编号的格式，如“1,2,3,4”；【编号】选项设置序号和文字间的符号。当【编号】框中有“^t”时，【制表符位置】选项为可用状态。这时设置该选项，可以调整编号和文字间的距离。

4.3.2 脚注

脚注一般位于页面的底部，可以作为文档某处内容的注释，本小节将对脚注的创建、编辑、删除等操作进行介绍。

1．创建脚注

脚注由两个部分组成，显示在文本中的脚注引用编号，以及显示在栏底部的脚注文本。可以创建脚注或从 Word 或 RTF 文档中导入脚注。将脚注添加到文档时，脚注会自动编号，每篇文章中都会重新编号。可控制脚注的编号样式、外观和位置，不能将脚注添加到表或脚注文本中。

下面将介绍创建脚注的具体操作方法。

在希望脚注引用编号出现的地方单击，执行【文字】|【插入脚注】命令。输入脚注文本，例如“美味的西瓜”。创建脚注后的效果如图 4-38 所示。插入点位于脚注中时，执行【文字】|【转到脚注引用】命令以返回正在输入的位置。

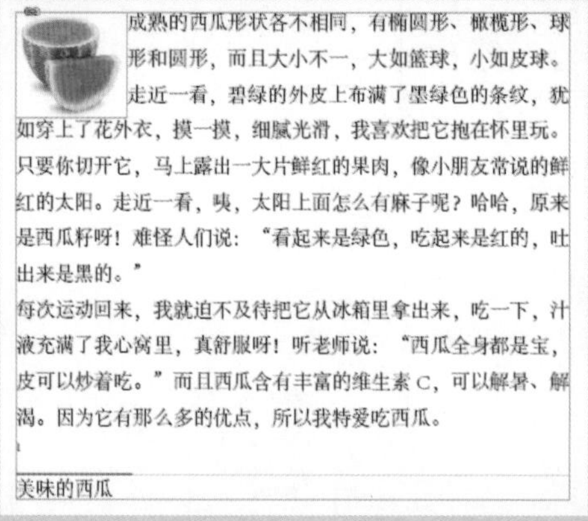

成熟的西瓜形状各不相同，有椭圆形、橄榄形、球形和圆形，而且大小不一，大如篮球，小如皮球。走近一看，碧绿的外皮上布满了墨绿色的条纹，犹如穿上了花外衣，摸一摸，细腻光滑，我喜欢把它抱在怀里玩。只要你切开它，马上露出一大片鲜红的果肉，像小朋友常说的鲜红的太阳。走近一看，咦，太阳上面怎么有麻子呢？哈哈，原来是西瓜籽呀！难怪人们说：“看起来是绿色，吃起来是红的，吐出来是黑的。”

每次运动回来，我就迫不及待把它从冰箱里拿出来，吃一下，汁液充满了我心窝里，真舒服呀！听老师说：“西瓜全身都是宝，皮可以炒着吃。”而且西瓜含有丰富的维生素 C，可以解暑、解渴。因为它有那么多的优点，所以我特爱吃西瓜。

美味的西瓜

图 4-38 添加脚注

2．更改脚注编号和版面

更改脚注编号和版面将影响现有脚注和所有新建脚注，下面将介绍更改脚注编号和版面的选项的操作方法。

执行【文字】|【文档脚注选项】命令，打开【脚注选项】面板，在【编号与格式】选项卡上，选择相关选项，如图 4-39 所示。选择【版面】选项卡，选择相关选项，如图 4-40 所示。

提示一下

输入脚注时，脚注区将扩展而文本框架大小保持不变。脚注区继续向上扩展直至脚注引用行。在脚注引用行上，如果可能，脚注会拆分到下一个文本框架栏或串接的框架中。如果脚注不能拆分且脚注区不能容纳过多的文本，则包含脚注引用的行将移到下一栏，或出现一个溢流图标。在这种情况下，应调整框架大小或更改文本格式。

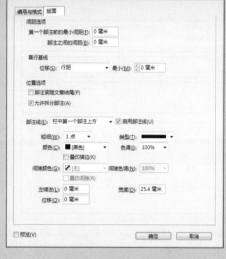

图 4-39 【编号与格式】选项卡　　　　　　　　　图 4-40 【版面】选项卡

3．删除脚注

要删除脚注，选择文本中显示的脚注引用编号，然后按 BackSpace 键或 Delete 键。如果仅删除脚注文本，则脚注引用编号和脚注结构将被保留下来。

4.4　课堂练习——制作餐厅菜谱

一个好的菜谱可以让顾客更有食欲，更能吸引顾客的点餐欲望，从而给餐厅增加收入，所以设计一个好的菜单是非常有必要的。

1．制作菜谱封面

下面我们来介绍此菜单封面的制作过程，注意背景的布局与整体版式的结构。

01 执行【文件】|【新建】|【文档】命令，打开【新建文档】对话框，在其对话框中设置参数【页数】为 2，设置【页面大小】为宽：210mm；高：297mm，设置【出血】为 3mm，单击【边距和分栏】按钮，如图 4-41 所示。

02 在【新建边距和分栏】对话框中，设置页面【边距】为 3，设置完成之后单击【确定】按钮，如图 4-42 所示。

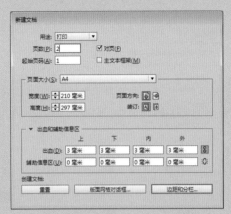

图 4-41 【新建文档】对话框

图 4-42 【新建边距和分栏】对话框

03 执行【窗口】|【页面】命令，在弹出的【页面】面板中
选中 A-1 主页（如图 4-43 所示），单击鼠标右键，在弹出的快
捷菜单中选择【允许选定的跨页随机排布】命令，如图 4-44 所示。

04 单击鼠标左键不放，移动页面 A-1，将其移动到页面 A-2 的
上方，如图 4-45 所示。

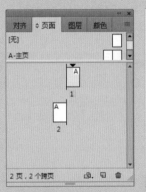

图 4-43 调整页面

图 4-44 选择命令

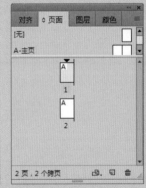

图 4-45 调整页面

05 选择工具箱中的【矩形框架工具】，绘制一个大小适中的
框架，执行【文件】|【置入】命令，选择背景图像，调整合适
大小，如图 4-46 所示。

06 继续置入图像并放置在合适的位置，如图 4-47 所示。

07 选择工具箱中的【矩形工具】，绘制一个矩形，设置【填色】
颜色为红色，设置【描边】为无，【宽度】【高度】都为 76，【旋
转角度】为 45°，对齐方式为【水平居中对齐】，如图 4-48 所示。

08 选中刚刚绘制的矩形，设置其圆角，在【控制栏】中找到
圆角工具，单击下拉按钮，在弹出的选项卡中选择【圆角】，
设置【圆角】为 12 毫米，如图 4-49 所示。

图 4-46　置入图像

图 4-47　置入并调整位置

图 4-48　绘制矩形

图 4-49　设置圆角

09 选择【矩形工具】，绘制一个较小的矩形，设置【填色】颜色为（C：10，M：84，Y：83，K：4），设置【描边】为无，【旋转角度】为 45 度，【圆角】的大小为 12 毫米，如图 4-50 所示。

10 选择工具箱中的【文字工具】，输入文字信息，分别设置字体、字号并调整位置，如图 4-51 所示。

图 4-50　圆角矩形

图 4-51　输入文字并设置

11 选择工具箱中的【矩形框架工具】，绘制一个大小适中的
框架，执行【文件】|【置入】命令，选择图像，单击鼠标右键，
在弹出的快捷菜单中执行【显示性能】|【高品质显示】命令，
如图 4-52 所示。

12 选中置入的标签图形，单击鼠标右键，执行【效果】|【投
影】命令，在打开的【投影】选项区中设置参数，如图 4-53 所示。

图 4-52 置入图像　　　　　　　　　　图 4-53 设置投影参数

13 选择工具箱中的【矩形框架工具】，绘制一个大小适中的
框架，执行【文件】|【置入】命令，选择图像，设置【高品质
显示】，如图 4-54 所示。

14 置入对话框图片，调整至合适位置，使用【文字工具】输
入文字，设置文字大小、颜色，将文字设置对齐，如图 4-55 所示。

图 4-54 置入图像　　　　　　　　　　图 4-55 输入文字

15 按照上步操作，将下面的图片置入工作区，输入文字，设
置颜色为白色，如图 4-56 所示。

16 选择工具箱中的【文字工具】，输入文字，设置文字大小、
颜色，并设置对齐方式为【水平居中对齐】，如图 4-57 所示。

17 选择工具箱中的【矩形工具】，绘制一个矩形，设置【填色】
颜色为白色，设置【描边】为无，【宽度】【高度】都为 2.5，【旋
转角度】为 45 度，对齐方式为【水平居中对齐】，设置【圆角】
的大小为 0.5 毫米，如图 4-58 所示。

图 4-56 输入文字　　　　　　　　图 4-57 输入文字　　　　　　图 4-58 绘制矩形

18 复制刚刚绘制的矩形,将其放置在合适的位置并选中,设置对齐方式【水平居中对齐】,如图 4-59 所示。

19 选择工具箱中的【文字工具】,输入文字,设置文字、颜色并设置对齐方式为【水平居中对齐】,如图 4-60 所示。菜单封面设计的最终效果如图 4-61 所示。

图 4-59 复制矩形　　　　　　　图 4-60 输入文字　　　　　　图 4-61 封面最终效果

2.制作菜谱内页

内页与封面内容要统一,注意内页文字的大小,要体现舒适感。

01 鼠标单击页面 2,在页面 2 中选择工具箱中的【矩形框架工具】,绘制一个大小适中的框架,执行【文件】|【置入】命令,

选择图像，设置【高清显示】，如图 4-62 所示。

02 选择工具箱中的【矩形工具】，绘制一个矩形，设置【填色】颜色为（C：20，M：84，Y：86，K：0），设置【描边】为无，放置在合适的位置，如图 4-63 所示。

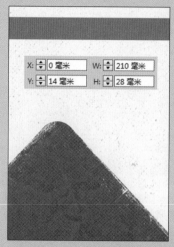

图 4-62　置入图像　　　　　　图 4-63　绘制矩形

03 选择工具箱中的【文字工具】，输入文字，设置文字大小、颜色，将其放置在合适的位置，如图 4-64 所示。

04 选择工具箱中的【矩形工具】，绘制一个矩形，设置【填色】为白色，设置【描边】为无，大小为 2.5，【旋转角度】为 45°，对齐方式为【水平居中对齐】，设置【圆角】的大小为 0.5 毫米，复制刚刚绘制的矩形，将其放置在合适的位置，如图 4-65 所示。

图 4-64　输入文字　　　　　　　图 4-65　绘制矩形

05 置入图像，单击鼠标右键，在弹出的快捷菜单中执行【显示性能】|【高品质显示】命令，将其放置在合适的位置，如图 4-66 所示。

06 选择工具箱中的【椭圆形工具】，绘制一个圆形，设置【填色】颜色为白色，设置【描边】为无，将其放置在合适的位置，如图 4-67 所示。

图 4-66　置入图像

图 4-67　绘制圆形

07 绘制一个圆，与上个圆同心，设置【颜色】为绿色（C：70，M：48，Y：93，K：7），选择【文字工具】，输入文字，设置文字大小、颜色，将其放置在合适的位置，如图 4-68 所示。

08 按照同样的方法添加图片和文字，效果如图 4-69 所示。

图 4-68　设置文字

图 4-69　添加图片和文字

09 将图片置入工作区，效果如图 4-70 所示。

10 选择工具箱中的【文字工具】，输入文字，设置文字大小、颜色，接着输入下面英文，设置字体大小为 14 点，将其放入合适的位置，如图 4-71 所示。

图 4-70　置入图像

图 4-71　输入文字

11 按照上述方法继续输入菜名，如图 4-72 所示。

12 选择工具箱中的【文字工具】，输入文字，设置文字大小

为24，【颜色】为棕色（C：56，M：63，Y：75，K：11），
接着输入下面英文，设置字体大小为24点，将其放入合适的位置，
如图 4-73 所示。

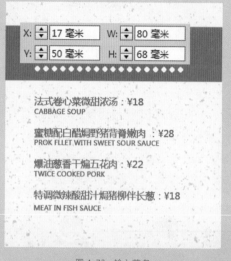

图 4-72　输入菜名

图 4-73　输入文字

⑬ 选择【矩形工具】，绘制一个矩形，设置【填色】颜色为棕色，
【描边】为无，【旋转角度】为45°，【圆角】的大小为0.5毫米，
将其放至合适的位置，如图 4-74 所示。

⑭ 使用同样方法输入文字信息，并置入素材，调整其至合适
大小，放置在合适的位置，如图 4-75 所示。

图 4-74　绘制矩形

图 4-75　置入图像

15 使用【矩形工具】绘制两个居中对齐的圆角矩形，分别设置其颜色并旋转其角度，如图 4-76 所示。

16 使用同样方法绘制矩形，如图 4-77 所示。

图 4-76　绘制矩形

图 4-77　复制矩形

17 选择工具箱中的【矩形框架工具】，绘制一个大小适中的框架，执行【文件】|【置入】命令，如图 4-78 所示。

18 按照同样的方法，将其他标签放入工作区中，如图 4-79 所示。

图 4-78　置入图像

图 4-79　复制图像

19 选择工具箱中的【文字工具】，输入文字，设置文字大小为 18，【颜色】为白色。将其放置在合适的位置，如图 4-80 所示。

20 选择工具箱中的【矩形框架工具】，绘制一个大小适中的框架，执行【文件】|【置入】命令，选择"箭头.png"图像，将其放入合适的位置如图4-81所示。

图 4-80　输入文字

图 4-81　置入图像

21 使用同样方法将"白箭头.png"图形放入合适的位置，如图4-82所示。

22 在刚刚放入的两张图片中输入文字，效果如图4-83所示。

图 4-82　置入图像

图 4-83　输入文字

23 选择工具箱中的【文字工具】，输入文字，设置文字大小、颜色，将其放置在合适的位置，如图 4-84 所示。

24 在文字下方添加下画线，输入文字，如图 4-85 所示。

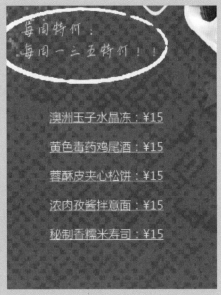

图 4-84　输入文字　　　　　　　　　　　　　　　图 4-85　添加下画线

25 至此菜单的制作就完成了，最终的效果如图 4-86 所示。

图 4-86　最终效果

强化训练

项目名称　制作快餐店菜单

项目需求

受一家快餐餐厅委托，为其制作一张尺寸为 195mm×297mm 的正反两面快餐菜单，设计风格为西式，颜色要亮丽、鲜明，菜单内容清晰明了，要让顾客第一眼就产生良好深刻的印象。

项目分析

菜单主要颜色选择红色与黄色，给人一种很强的视觉冲击感，这两种颜色搭配在一起热烈而健康。菜单的装饰边框采用传统花纹，毕竟餐厅主要面对的客户群体为中国人。

项目效果

项目效果如图 4-87 所示。

图 4-87　快餐菜单效果图

操作提示

01 选择桌面效果作为背景图，使用【矩形工具】绘制菜单。

02 使用【文字工具】输入菜单内容，置入素材图片，完成案例制作。

本章概述 SUMMARY

在版式设计中，文本处理、排版是否合理，会直接影响到整个版面的编排效果。在前面的章节中，我们已学习了文本的基本创建与编辑，在本章中我们将详细介绍如何利用文本框架进行文字排版。

■ 学习目标

√ 掌握调整定位对象
√ 掌握串接文本框架
√ 掌握设置文本框架选项
√ 熟练应用框架网格

◎宣传页背景

◎宣传页制作效果

5.1 定位对象

定位对象是一些附加或者定位的特定文本的项目，如图形、图像或文本框架。重排文本时，定位对象会与包含锚点的文本一起移动。所有要与特定文本行或文本块相关联的对象都可以使用定位对象实现。例如与特定字词关联的旁注、图注、数字或图标。

用户可以创建 6 种任何位置的定位对象：

- 行中将定位对象与插入点的基线对齐。
- 行上可选择 6 种对齐方式，将定位对象置入行上方：左、中、右、朝向书脊、背向书脊和文本对齐方式。

■ 5.1.1 创建定位对象

在 InDesign 中，可以在当前文档中置入新的定位对象，也可以通过现有的对象创建定位对象，用户还可以通过在文本中插入一个占位符框架，来临时替代定位对象，在需要时为其添加相关的内容即可。

1. 添加定位对象

下面将介绍添加定位对象的具体操作。

01 选择工具箱中的【文字工具】，在文本前单击，以确定该对象的锚点的插入点，单击鼠标右键，在弹出的快捷菜单中执行【定位对象】|【插入】命令，打开【插入定位对象】对话框。插入定位对象后的效果如图 5-1 所示。

02 置入或粘贴对象，默认情况下，定位对象的位置为行中。调整对象的大小，在对象上单击右键，在弹出的快捷菜单中选择【内容适合框架】命令，效果如图 5-2 所示。

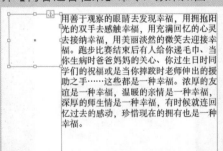

图 5-1　锚点插入点　　　　　　　　图 5-2　锚点位置

2. 定位现有对象

下面将对定位现有对象的操作进行介绍。

01 选中该对象，缩小对象到和文本等高，如图 5-3 所示。执行【编辑】|【剪切】命令，选择工具箱中的【文字工具】，定位到要放置该对象的插入点处。

02 执行【编辑】|【粘贴】命令，默认情况下，定位对象的位置为行中，效果如图 5-4 所示。

图 5-3　缩小对象　　　　　　　　　　图 5-4　粘贴对象

3．添加占位符框架

下面将对占位符框架的添加操作进行介绍。

01 选择工具箱中的【文字工具】，定位到要放置该对象的锚点的插入点，执行【对象】|【定位对象】|【插入】命令，如图 5-5 所示。

02 打开【插入定位对象】对话框，从中在【位置】下拉列表框中选择【行中或行上方】。当插入定位对象的占位符后可以设置更为详细的选项，完成后定位的图形对象，如图 5-6 所示。

图 5-5　选择【插入】命令　　　　　　图 5-6　【插入定位对象】对话框

03 执行【文件】|【置入】命令，置入图像，可置入定位的对象，如图 5-7、图 5-8 所示。

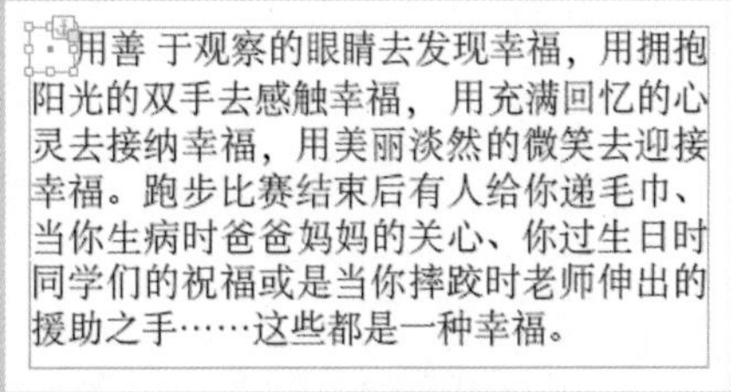
用善于观察的眼睛去发现幸福，用拥抱阳光的双手去感触幸福，用充满回忆的心灵去接纳幸福，用美丽淡然的微笑去迎接幸福。跑步比赛结束后有人给你递毛巾、当你生病时爸爸妈妈的关心、你过生日时同学们的祝福或是当你摔跤时老师伸出的援助之手……这些都是一种幸福。

图 5-7　定位效果

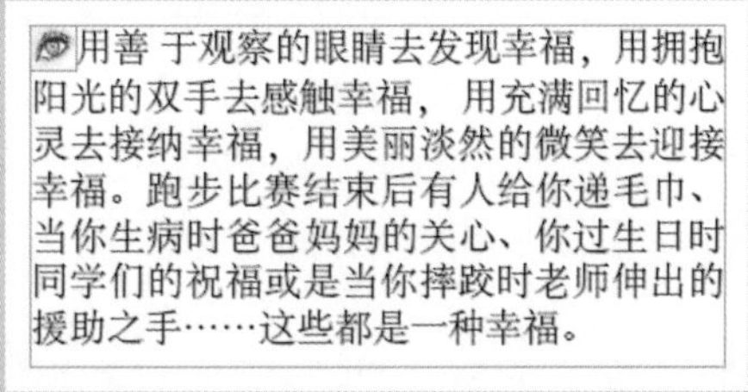
用善于观察的眼睛去发现幸福，用拥抱阳光的双手去感触幸福，用充满回忆的心灵去接纳幸福，用美丽淡然的微笑去迎接幸福。跑步比赛结束后有人给你递毛巾、当你生病时爸爸妈妈的关心、你过生日时同学们的祝福或是当你摔跤时老师伸出的援助之手……这些都是一种幸福。

图 5-8　置入图片

5.1.2　调整定位对象

在【定位对象选项】面板的【位置】下拉列表中选择【行中】或【行上】，可设置【行中】或【行上方】的参数，如图 5-9 所示。

定位对象选项
位置(O): 自定
相对于书脊(R)
定位对象
参考点:
定位位置
参考点:
X 相对于(X): 文本框架
X 位移(F): 0 毫米
Y 相对于(Y): 行（基线）
Y 位移(S): 0 毫米
保持在上下栏边界内(K)
防止手动定位(M)
预览(P)
确定
取消

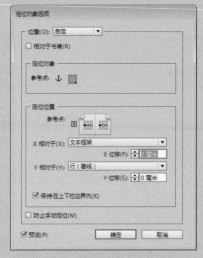

图 5-9　【定位对象选项】面板

5.2　串接文本

框架中的文本可独立于其他框架，也可在多个框架之间连续排文。要在多个框架之间连续排文，首先必须将框架连接起来。连接的框架可位于同一页或跨页，也可位于文档的其他页。在框架之间连接文本的过程称为串接文本。

5.2.1　串接文本框架

每个文本框架都包含一个入口和一个出口，这些端口用来与其他文本框架进行链接。空的入口或出口分别表示文章的开头或结尾。入口中的箭头表示该框架连接到另一框架，出口中的红色加号（+）表示该文章中有更多要置入的文本，但没有更多的文本框架可放置文本，这些剩余的不可见文本称为溢流文本，如图 5-10 所示。

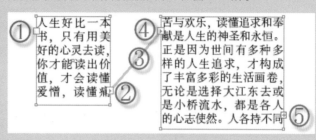

图 5-10　串接文本

①—文本开头的入口；②—指示与下一个框架串接关系的出口；③—文本串接；④—指示与上一个框架串接关系的入口；⑤—指示溢流文本的出口

小试身手——再多文字排版也不怕

下面将通过具体例子来对串接文本框架的操作进行介绍。

01 选择【矩形框架工具】，在页面上绘制框架，如图 5-11 所示。

02 选择第一个矩形框架，执行【文件】|【置入】命令，置入素材文本文件，接着单击第一个框架的出口，如图 5-12 所示。

图 5-11　绘制框架

图 5-12　置入素材

03 用鼠标在第二个框架上单击，即可填充第二个框架文本，用同样的方法也可填充第三个框架文本，填充文本后的效果如图 5-13 所示。

图 5-13 输入文字

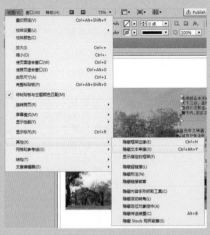

图 5-14 显示文本串接

操作技巧

　　执行【视图】|【隐藏文本串接】命令，如图 5-14 所示，可以查看串接框架的可视化表示。无论文本框架是否包含文本，都可进行串接。

小试身手——载入新的文本框架

　　下面介绍向串接中添加现有框架的具体操作过程。

01 选择工具箱中的【框架工具】，绘制一个文本框架，如图 5-15 所示。

02 选择工具箱中的【选择工具】，选择第一个文本框架，然后单击入口或出口以载入文本图标。

03 将载入的文本图标放到要连接到的框架上面。载入的文本图标将更改为串接图标，在第二个框架内部单击以将其串接到第一个框架，如图 5-16 所示。

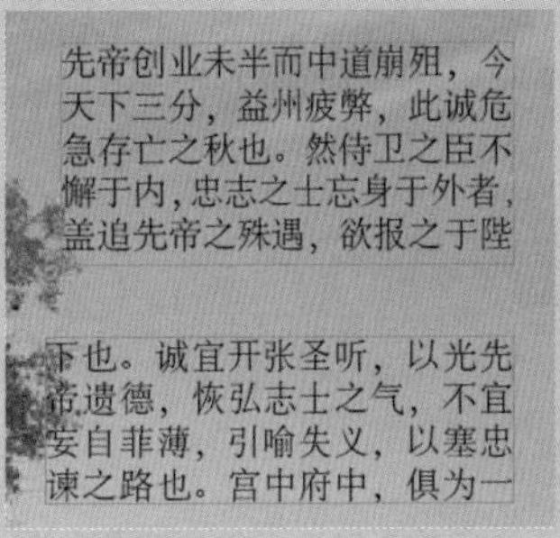

图 5-15　绘制文本框架 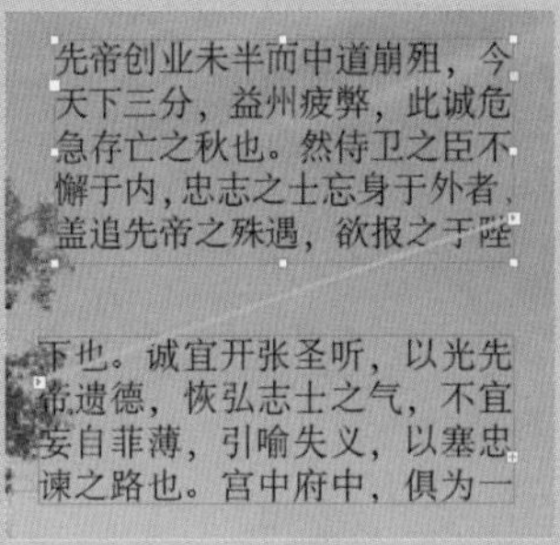　　　　　图 5-16　串接框架

操作技巧

　　可以添加自动的"下转……"或"上接……"跳转行，当串接的文章从一个框架跳转到另一个框架时，这些跳转行将对其进行跟踪。

　　如果将某个框架网格与纯文本框架或具有不同网格设置的其他框架网格串接，将会重新定义被串接的文本框架，以便与串接操作的原框架网格的设置匹配。

1. 在串接框架序列中添加框架

　　在串接框架序列中添加框架的具体操作过程介绍如下。

01 选择工具箱中的【选择工具】，按住要将框架添加到的文章的出口，释放鼠标时，将显示一个载入文本图标，如图 5-17 所示。

02 拖动鼠标创建一个新框架，或单击另一个已创建的文本框架，InDesign 会将框架串接到包含该文章的连接框架序列中，如图 5-18 所示。

图 5-17　载入文本　　　　　　　　　　　　图 5-18　框架串接

2. 取消串接文本框架

取消串接文本框架时，将断开该框架与串接中的所有后续框架之间的连接。以前显示在这些框架中的任何文本将成为溢流文本（不会删除文本）。所有的后续框架都为空。

选择工具箱中的【选择工具】，选择框架，双击入口或出口以断开两个框架之间的链接，如图 5-19 所示，或使用工具箱中的【选择工具】选择框架，单击表示与另一个框架存在串接关系的入口或出口。例如，在一个由两个框架组成的串接中，单击第一个框架的出口或第二个框架的入口，如图 5-20 所示，将载入的文本图标放置到上一个框架或下一个框架之上，以显示取消串接图标，单击要从串接文本中删除的框架中即可删除以后的所有串接框架的文本。

> **操作技巧**
>
> 要将一篇文章拆分为两篇文章，剪切要作为第二篇文章的文本，断开框架之间的连接，然后将该文本粘贴到第二篇文章的第一个框架中。

图 5-19　断开连接　　　　　　　　　　图 5-20　置入文本

■ 5.2.2　剪切或删除串接文本框架

在剪切或删除文本框架时不会删除文本，文本仍包含在串接中。

1. 从串接中剪切框架

可以从串接中剪切框架，然后将其粘贴到其他位置。剪切的框架将使用文本的副本，不会从原文章中移去任何文本。在一次剪切和粘贴一系列串接文本框架时，粘贴的框架将保持彼此之间的连接，但将失去与原文章中任何其他框架的连接。

小试身手——框架丢失文字不会丢

下面将对相关的操作进行介绍。

01 选择工具箱中的【选择工具】，选择一个或多个框架（按住 Shift 键并单击可选择多个对象），如图 5-21 所示。

02 执行【编辑】|【剪切】命令，选中的框架被剪切，其中包含的所有文本都排列到该文章内的下一个框架中，如图 5-22 所示。

图 5-21　选择框架

图 5-22　剪切框架

03 剪切文章的最后一个框架时，其中的文本存储为上一个框架的溢流文本，如图 5-23 所示。

04 如果要在文档的其他位置使用断开连接的框架，则转到希望断开连接的文本出现的页面，执行【编辑】|【粘贴】命令，粘贴文本后的效果如图 5-24 所示。

图 5-23　溢出的文本

图 5-24　粘贴后的效果

2．从串接中删除框架

当删除串接中的文本框架时，不会删除任何文本，文本将成为溢流文本，或排列到连续的下一个框架中。如果文本框架未链接到其他任何框架，则会删除框架和文本。

从串接中删除框架的方法有以下两种：

（1）选择要删除的文本框架，可以选择工具箱中的【选择工具】，单击框架，或选择工具箱中的【文字工具】，按住 Ctrl 键，然后单击框架。

（2）选择要删除的文本框架，按住 BackSpace 键或按住 Delete 键即可删除框架。

5.2.3　手动与自动排文

置入文本或者单击入口或出口后，指针将成为载入的文本图标。使用载入的文本图标可将文本排列到页面上。按住 Shift 键或 Alt 键，可确定文本排列的方式。载入文本图标将根据置入的位置改变外观。

将载入的文本图标置于文本框架之上时，该图标将括在圆括号中。将载入的文本图标置于参考线或网格靠齐点旁边时，黑色指针将变为白色。

可以使用下列四种方法排文：

- 手动文本排文。
- 单击置入文本时，按住 Alt 键，进行半自动排文。
- 按住 Shift 键单击，进行自动排文。
- 单击置入文本时按住 Shift+Alt 快捷键，进行固定页面自动排文。

要在框架中排文，InDesign 会检测是横排类型还是直排类型。使用半自动或自动排文排列文本时，将采用【文章】面板中设置的框架类型和方向。用户可以使用图标获得文本排文方向的视觉反馈。

5.3　文本框架

InDesign 中的文本位于文本框架内。InDesign 有两种类型的文本框架：框架网格和纯文本框架。框架网格是亚洲语言排版特有的文本框架类型，其中字符的全角字框和间距都显示为网格；纯文本框架是不显示任何网格的空文本框架。

■ 5.3.1　设置文本框架的常规选项

执行【对象】|【文本框架选项】命令，如图 5-25 所示。在打开的【文本框架选项】对话框中选择【常规】选项卡，可设置【列数】【内边距】【垂直对齐】参数，如图 5-26 所示。

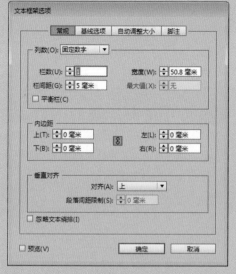

图 5-25　选择【文本框架选项】命令　　　　图 5-26　【文本框架选项】对话框

选择工具箱中的【文字工具】，在页面上拖出一个文本框架，如图 5-27 所示。执行【文件】|【置入】命令，打开文本文件，单击文本框架，可向文本框架中置入文本，置入文本后的效果如图 5-28 所示。

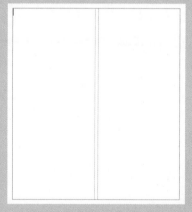

图 5-27　文本框架　　　　　　　　图 5-28　置入文本

1．向文本框架中添加栏

用户可以使用【文本框架选项】面板，在文本框架中创建栏，其具体操作介绍如下。

使用【选择工具】选择框架，或者使用【文字工具】选择文本，执行【对象】|【文本框架选项】命令，在弹出的【文本框架选项】对话框中，指定文本框架的栏数、每栏宽度和每栏之间的间距（栏间距），如设置栏数为 3，其他选项的设置不变，则调整后的效果如图 5-29 所示。

雪是冬的盛装，让 | 新生命的孕育，雪 | 毫毕现，无所遁
我们感受到季节 | 花总是那么轻盈。 | 藏。
的优雅与个性。因 | 　　大地被雪所 | 　　雪对于生命
为是盛装，所以 | 包容了，包容着生 | 来说，不是点染，
并不见得经常的 | 机和梦，冬天是生 | 而是一种奉献。
"穿"，一年的这 | 命垫伏的时节，每 | 一种献身式的奉
个季节中，就有这 | 一个生命的梦都 | 命。她把短暂的生
么几天，就露出来给 | 被雪所覆盖和包 | 命历程融入到大
我们看，给我们欣 | 容，很暖和滋润！ | 地，融入到一切
赏。 | 　　雪所覆盖的 | 需要的生命里！雪
　　雪是大自然 | 大地，雪所滋润的 | 是高尚的，因为
的"娇女"，是一 | 生命，还有那深沉 | 美、因为纯、因
个精灵，看雪花漫 | 的泥土贴紧着、 | 为奉献……
天飞舞，如同天女 | 拥抱着。 | 　　回味着雪所
散花般壮美。雪是 | 　　季节的往来， | 带给我们的乐趣、
纯洁而朴素的，朴 | 记得每年的雪落 | 带给人们的殷切
素而不单调，任何 | 雪融，雪融化了， | 希望，带给世界的
一朵雪花飞舞而 | 没有痕迹，可是留 | 美丽和纯洁……
来，在树枝上，在 | 下纯洁的记忆，雪 | 期待着下雪，盼望
房檐上，在田野， | 的纯洁上完美的， | 这个季节的约会
在山川，到处的开 | 即便点点杂质，在 | 早日到来！
放，或许是为来年 | 她的身上也会纤 |

图 5-29　添加文本栏

2. 更改文本框架内边距（边距）

　　使用【选择工具】选择框架，或者使用【文字工具】在文本框架
上单击或选择文本，执行【对象】|【文本框架选项】命令，在【常规】
选项卡上的【内边距】选项区设置上、左、下和右的位移距离即可。

5.3.2　设置文本框架的基线选项

　　在输入文本时，需要设置文本框架的基线，那么对基线我们该怎
么设置呢？本小节将对文本框架的【基线选项】的设置进行逐一介绍。

1. 首行基线位移选项

　　若要更改所选文本框架的首行基线选项，执行【对象】|【文本框
架选项】命令，弹出【文本框架选项】对话框，在【基线选项】选项
卡的【首行基线】选项区域中包括【位移】和【最小】两个选项，如
图 5-30 所示。

　　（1）在【位移】下拉列表中将显示以下选项，如图 5-31 所示。

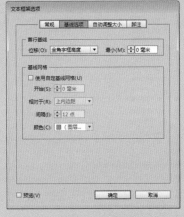

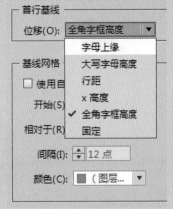

图 5-30　【文本框架选项】对话框　　　　　图 5-31　【位移】下拉列表

其中，各选项的说明如下。

- 字母上缘：字体中字符的高度降到文本框架的上内陷之下。
- 大写字母高度：大写字母的顶部触及文本框架的上内陷。
- 行距：以文本的行距值作为文本首行基线和框架的上内陷之间的距离。
- X 高度：字体中 "X" 字符的高度降到框架的上内陷之下。
- 全角字框高度：全角字框决定框架的顶部与首行基线之间的距离。
- 固定：指定文本首行基线和框架上内陷之间的距离。

（2）最小：选择基线位移的最小值。例如，对于行距为 20 的文本，如果将位移设置为【行距】，则当使用的位移值小于行距值时，将应用【行距】；当设置的位移值大于行距时，则将位移值应用于文本。

2．设置文本框架的基线网格

在某些情况下，可能需要对框架而不是整个文档使用基线网格。使用【文本框架选项】对话框，将基线网格应用于文本框架的具体操作步骤如下。

01 执行【视图】|【网格和参考线】|【显示基线网格】命令，以显示包括文本框架中的基线网格在内的所有基线网格，如图 5-32 所示。

图 5-32　选择【显示基线网格】命令

02 选择文本框架或将插入点置入文本框架，执行【编辑】|【全选】命令，然后执行【对象】|【文本框架选项】命令。

操作技巧

如果要将文本框架的顶部与网格靠齐，选择【行距】或【固定】，以便控制文本框架中文本首行基线的位置。

操作技巧

在框架网格中，默认网格对齐方式为"全角字框，居中"，这意味着行高的中心将与网格框的中心对齐。通常，如果文本大小超过网格，"自动强制行数"将导致文本的中心与网格行间距的中心对齐。要使文本与第一个网格框的中心对齐，可使用首行基线位移设置，该设置可将文本首行的中心置于网格首行的中心上面。之后，将该行与网格对齐时，文本行的中心将与网格首行的中心对齐。

03 基线网格应用于串接的所有框架（即使一个或多个串接的框架也不包含文本），在【文本框架选项】面板中的【基线网格】选项中进行设置。

3. 使用【使用自定基线网格】选项

在设置【使用自定基线网格】选项之前或之后，不会出现文档基线网格。将基于框架的基线网格应用于框架网格时，会同时显示这两种网格，并且框架中的文本会与基于框架的基线网格对齐。

【使用自定基线网格】选项说明如下。

- 开始：键入一个值，以从页面顶部、页面的上边距、框架顶部或框架的上内陷（取决于从【相对于】选项中选择的内容）移动网格。
- 相对于：指定基线网格的开始方式是相对于页面顶部、页面上边距、文本框架顶部，还是文本框架内陷顶部。
- 间隔：键入一个值作为网格线之间的间距。在大多数情况下，键入等于正文文本行距的值，以便与文本行能正好对齐网格。
- 颜色：为网格线选择一种颜色，或选择图层颜色以便与显示文本框架的图层使用相同的颜色。

例如，在【使用自定基线网格】选项中，设置【开始】为 2 毫米，【相对于】选择【上内边距】，【间隔】选择 20 点，如图 5-33 所示，则绘制的文本框架的效果如图 5-34 所示。

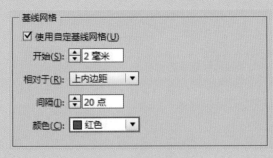

图 5-33　基线网格选项

图 5-34　网格效果

5.4　框架网格

在【框架网格】面板中可设置字体、大小、字间距、行数和字数等。本节将对框架网格的设置以及应用进行详细介绍。

■ 5.4.1　设置框架网格属性

执行【对象】|【框架网格选项】命令，弹出【框架网格】对话框，如图 5-35 所示。使用【框架网格】对话框可以更改框架网格设置，例如，字体、大小、间距、行数和字数，如图 5-36 所示。

图 5-35　选择【框架网格选项】命令 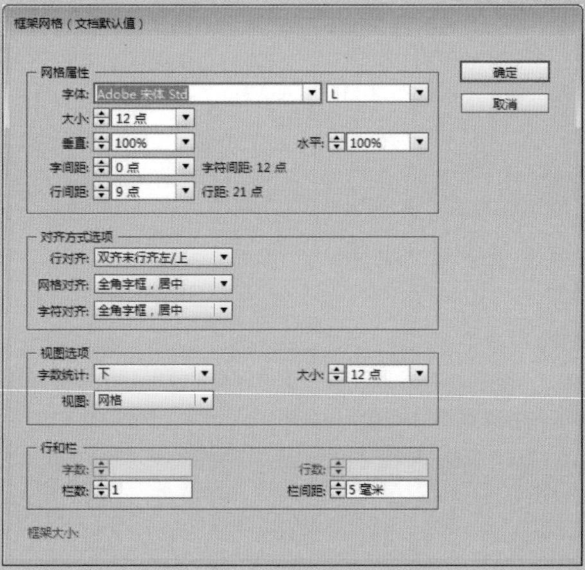　　　　　图 5-36　【框架网格】对话框

1.【网格属性】选项

【网格属性】选项中各选项的含义如下。

- 字体：指定字体系列和字体样式。这些字体设置将根据版面网格应用到框架网格中。
- 大小：指定字体大小，这个值将作为网格单元格的大小。
- 垂直和水平：以百分比形式指定网格缩放。
- 字间距：指定框架网格中网格单元格之间的间距，该值将用作网格间距。
- 行间距：指定网格间距，这个值被用作从首行中网格的底部（或左边）到下一行中网格的顶部（或右边）之间的距离。如果在此处设置了负值，【段落】面板中【字距调整】下的【自动行距】值将自动设置为 80%（默认值为 100%），只有当行间距超过由文本属性中的行距所设置的间距时，网格对齐方式才会增加该值。直接更改文本的行距值，将改变网格对齐方式向外扩展文本行，以便与最接近的网格行匹配。

使用【网格属性】选项进行文档设置的操作步骤如下。

01 设置【字体】为宋体，【大小】为 12 点，【垂直】为 100%，【字间距】为 2 点，【行间距】为 9 点，如图 5-37 所示。

02 选择工具箱中的【矩形框架工具】，在页面上拖动，绘制一个矩形框架，如图 5-38 所示。

图 5-37　设置网格属性　　　　　　　　　图 5-38　绘制矩形框架

03 执行【文件】|【置入】命令，打开文本文件和图像文件，在【文本绕排】面板中设置绕排方式为【沿定界框绕排】，如图 5-39 所示。

04 双击文本框架，查看置入的文本的属性，正是我们刚才设置的框架的属性，如图 5-40 所示。

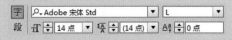

图 5-39　沿定界框绕排　　　　　　　　　图 5-40　查看文字属性

2.【对齐方式】选项

　　【对齐方式】选项中各选项说明如下。

　　● 行对齐：选择一个选项，以指定文本的行对齐方式。

　　例如，双齐末行齐左右的效果如图 5-41 所示；强制双齐的效果如图 5-42 所示。

图 5-41　双齐末行齐左右效果　　　　　　图 5-42　强制双齐效果

　　● 网格对齐：选择一个选项，以指定将文本与"全角字框，上""全角字框，居中""全角字框，下""表意字框，上""表意字框，下"对齐，还是与罗马字基线对齐。

例如，"全角字框，上"效果如图 5-43 所示；"罗马字基线"效果如图 5-44 所示。

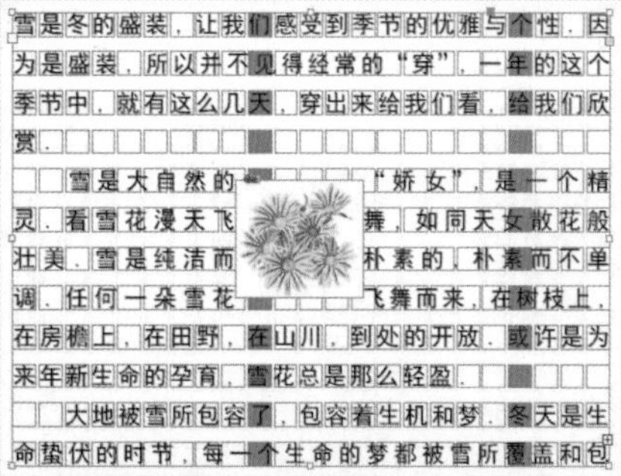

图 5-43　"全角字框，上"效果 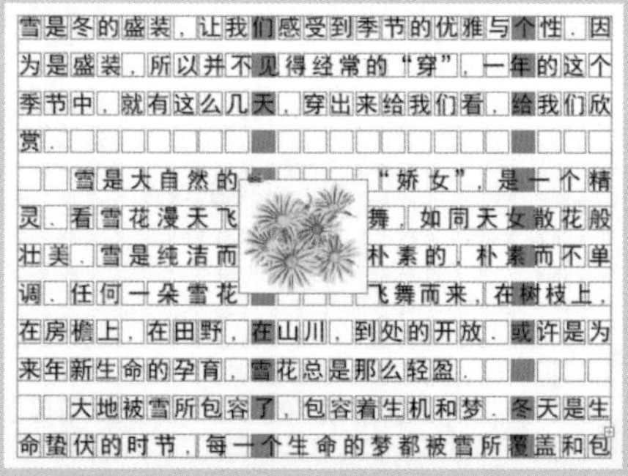　　　　图 5-44　"罗马字基线"效果

- 字符对齐：选择一个选项，以指定将同一行的小字符与大字符对齐的方法。

3.【视图】选项

【视图】选项中各选项说明如下。

- 字数统计：选择一个选项，以确定框架网格尺寸和字数统计的显示位置。

例如【字数统计】选择"下"，执行【图】|【网格和参考线】|【显示框架字数统计】命令，效果如图 5-45 所示。

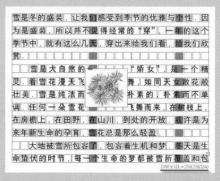

图 5-45　显示框架字数统计

- 大小：可调整字数统计的字体的大小。
- 视图：选择一个选项，以指定框架的显示方式。
- 网格：显示包含网格和行的框架网格，如图 5-46 所示。
- N/Z 视图：将框架网格方向显示为深蓝色的对角线；插入文本时并不显示这些线条，如图 5-47 所示。
- 对齐方式视图：显示仅包含行的框架网格，如图 5-48 所示。
- N/Z 网格：它的显示情况恰为"N/Z 视图"与"网格"的组合，如图 5-49 所示。

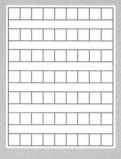   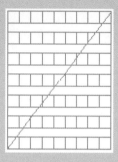

图 5-46　网格　　　　图 5-47　N/Z 视图　　　　图 5-48　对齐方式视图　　　　图 5-49　N/Z 网格

4．【行和栏】选项

【行和栏】选项中各选项说明如下。

- 字数：指定一行中的字符数。
- 行数：指定一栏中的行数。
- 栏数：指定一个框架网格中的栏数。
- 栏间距：指定相邻栏之间的间距。

【框架网格】对话框中的【行和栏】的选项如图 5-50 所示。

图 5-50　文本框架的行和栏

例如，设置【行和栏】选项中的【字数】为 12，【行数】为 9，【栏数】为 2，【栏间距】为 5，则框架的效果如图 5-51 所示。

图 5-51　设置【行和栏】的效果

5.4.2　转换文本框架和框架网格

可以将纯文本框架转换为框架网格，也可以将框架网格转换为纯文本框架。如果将纯文本框架转换为框架网格，对于文章中未应用字符样式或段落样式的文本，会应用框架网格的文档默认值。

操作技巧

如果在未选中框架网格中任何对象的情况下，在【框架网格设置】对话框中进行了一些更改，这些设置将成为该框架网格的默认设置。也可使用网格设置来调整字符间距。

　　无法将网格格式直接应用于纯文本框架。将纯文本框架转换为框架网格后，将预定的网格格式应用于采用尚未赋予段落样式的文本的框架网格，以此应用网格格式属性。此外，将纯文本框架转换为框架网格时，可能会在该框架的顶部、底部、左侧和右侧创建空白区。如果网格格式中设置的字体大小或行距值无法将文本框架的宽度或高度分配完，将显示这个空白区。使用【选择工具】拖动框架网格手柄，进行适当调整，就可以移去这个空白区。将文本框架转换为框架网格时，先调整在转换期间创建的所有内边距，然后编辑文本。

1. 将纯文本框架转换为框架网格

01 选择文本框架，执行【对象】|【框架类型】|【框架网格】命令，如图 5-52 所示。

02 选择文本框架，执行【文字】|【文章】命令，如图 5-53 所示。

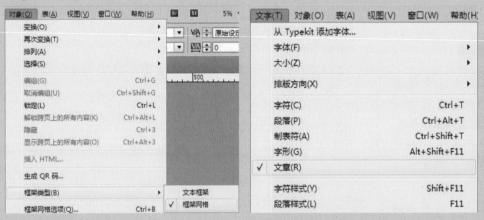

图 5-52　选择【框架网格】命令　　　　图 5-53　选择【文章】命令

03 在打开的【文章】面板中选择【框架类型】下拉列表中的【框架网格】选项，如图 5-54 所示。根据网格属性重新设置文章文本格式，选中框架网格后，执行【编辑】|【应用网格格式】命令，如图 5-55 所示。

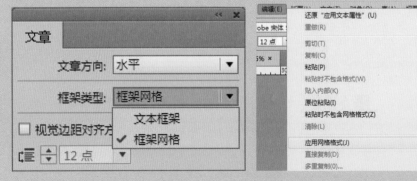

图 5-54　选择【框架网格】　　　　　图 5-55　选择【应用网格格式】命令

2．将框架网格转换为纯文本框架

选择框架网格，执行【对象】|【框架类型】|【文本框架】命令或执行【文字】|【文章】命令，打开【文章】面板，在【框架类型】下拉列表中选择【文本框架】选项。

■ 5.4.3　查看框架网格字数统计

框架网格字数统计显示在网格的底部。此处显示的是字符数、行数、单元格总数和实际字符数的值。执行【视图】|【网格和参考线】|【显示字数统计】命令或执行【视图】|【网格和参考线】|【隐藏字数统计】命令可显示或隐藏统计字数。

要指定字数统计视图的大小和位置，选择文本框架，执行【对象】|【框架网格选项】命令。在视图选项下，指定字数统计、视图和大小，单击【确定】按钮。

5.5　课堂练习——制作宣传页

如何使用 InDesign 软件，制作一个简单的国画宣传页呢？下面将对制作一张尺寸为 A4 大小的国画宣传页过程为例，展开详细介绍。

01 执行【文件】|【新建】|【文档】命令，打开【新建文档】对话框，在其对话框中设置参数【页数】为 1，设置【页面大小】为宽：210mm；高：297mm，设置【出血】为 3mm，单击【边距和分栏】按钮，如图 5-56 所示。

02 在【新建边距和分栏】对话框中，设置页面【边距】为 3，设置完成之后单击【确定】按钮，如图 5-57 所示。

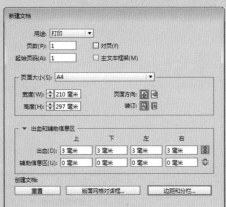

图 5-56　【新建文档】对话框

图 5-57　【新建边距和分栏】对话框

03 选择工具箱中的【矩形框架工具】，绘制一个大小适中的框架，执行【文件】|【置入】命令，选择"荷叶.png"文件，如图 5-58 所示。

04 单击鼠标右键，在弹出的快捷菜单中执行【适合】|【按比例适合内容】命令，将鼠标光标置于图像上，单击鼠标右键，在弹出的快捷菜单中执行【显示性能】|【高品质显示】命令，如图 5-59 所示。

图 5-58　选择文件

图 5-59　置入效果

05 执行【文件】|【置入】命令，选择淡色背景图像。如图 5-60 所示。

06 选择工具箱中的【矩形工具】，绘制一个如图 5-61 所示大小的矩形，设置【填色】为无，设置【描边】大小为 3，描边颜色为（C：62，M：26，Y：28，K：0）。

图 5-60　置入背景

图 5-61　设置矩形大小

07 执行【窗口】|【对象和版面】|【对齐】命令，在打开的【对齐】面板中选择【对齐】选项，在对齐对象中选择【水平居中对齐】和【垂直居中对齐】命令，如图 5-62 所示。

08 选择工具栏中的【文字工具】，在工作界面中按住鼠标左键不放，绘制出文本框架，输入文字，按 Ctrl+A 快捷键全选文字，设置文字大小为 16，颜色为（C：57，M：76，Y：100，K：34）。设置对齐方式为【水平居中对齐】命令，将其放置在合适的位置。如图 5-63 所示。

图 5-62 对齐页面   图 5-63 输入文字

09 选择工具栏中的【文字工具】，在工作界面中单击鼠标左键不放，绘制出文本框架，输入文字"荷、塘、色"，设置大小为 75，颜色为（C：57，M：76，Y：100，K：34），将其放置在合适的位置，如图 5-64 所示。

10 执行【文件】|【置入】命令，选择水纹背景图像，单击鼠标右键，在弹出的快捷菜单中执行【显示性能】|【高品质显示】命令，如图 5-65 所示。

图 5-64 设置文字样式   图 5-65 添加图片

11 置入月亮背景图像，如图 5-66 所示。

12 选择工具箱中的【矩形工具】，在"荷"字中间的"口"绘制一个的矩形，设置【填色】颜色为蓝色（C：62，M：26，Y：28，K：0），设置【描边】为无，如图 5-67 所示。

图 5-66　置入图像　　　　　　　　　　图 5-67　绘制矩形

🔳 使用同样方法，分别在"塘"和"色"字中间各绘制一个矩形，如图 5-68 所示。

🔳 选择工具箱中的【直线工具】，绘制一条直线，【描边】设置为 0.4 点，【填色】为无，设置描边颜色并将其放置到合适的位置。选择【椭圆形工具】绘制一个圆，【描边】设置为 0.4 点，【填色】为无，描边颜色为（C：62，M：26，Y：28，K：0），将其放置到合适的位置，如图 5-69 所示。

图 5-68　绘制矩形　　　　　　　　　　图 5-69　绘制线条和圆

🔳 选中直线和圆，按 Ctrl+C 快捷键复制，按 Ctrl+V 快捷键粘贴，复制此直线和圆，移动到合适的位置，如图 5-70 所示。

🔳 选择工具栏中的【文字工具】，绘制段落文本框架，输入文字，设置字体、字号、颜色，将其放置在合适的位置，如图 5-71 所示。

图 5-70　复制直线　　　　　　　　　　图 5-71　输入文字

17 按 Ctrl+A 快捷键，全选文字，执行【窗口】|【文字和表】|【段落】命令，在打开的【段落】面板中选择【居中对齐】选项，使此段文字能适合框架居中对齐，如图 5-72 所示。

18 设置完文字的效果如图 5-73 所示。

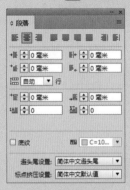

图 5-72 【段落】面板　　　　　　　　　　　　　　　图 5-73 设置字体

19 选择工具箱中的【椭圆形工具】，绘制一个圆，【描边】设置为 0.5，【填色】为无，【宽度】【高度】都为 13，【描边颜色】为蓝色（C：62，M：26，Y：28，K：0），将其放置到合适的位置。如图 5-74 所示。

20 执行【窗口】|【对象和面板】|【对齐】命令，在打开的【对齐】面板中选择【对齐页面】选项，在对齐对象中选择【水平居中对齐】，将此圆放置在两条鱼的中间，如图 5-75 所示。

图 5-74 绘制圆　　　　　　　　　　　　　　　图 5-75 放置圆

21 选择工具栏中的【文字工具】，在工作界面中单击鼠标左键不放，绘制出文本框架，输入文字"画"，设置大小为 24，颜色为（C：57，M：76，Y：100，K：34），将其放置在合适的位置，如图 5-76 所示。

22 选中"画"字，执行【窗口】|【对象和面板】|【对齐】

命令，在打开的【对齐】面板中选择【对齐页面】选项，在对
齐对象中选择【水平居中对齐】选项，如图 5-77 所示。

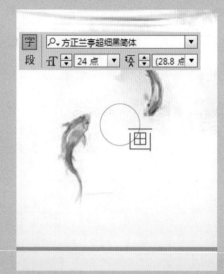

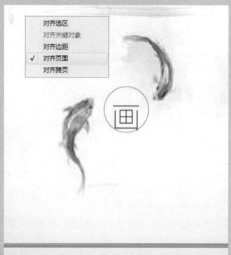

图 5-76　输入文字　　　　　　　　　　　　　　图 5-77　对齐文字

23 同时选中圆形和"画"字，执行【窗口】|【对象和面板】|
【对齐】命令，在打开的【对齐】面板中选择【对齐选区】选项，
在对齐对象中选择【垂直居中对齐】选项，如图 5-78 所示。

24 选择工具栏中的【文字工具】，在工作界面中按住鼠标左
键不放，绘制出文本框架，输入文字，设置大小为 8，颜色为（C：
57，M：76，Y：100，K：34），将其放置在合适的位置，如图 5-79
所示。

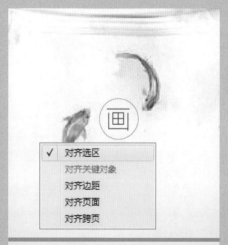

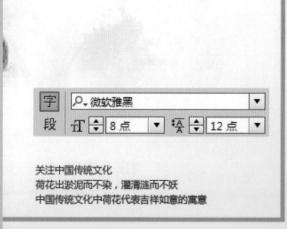

图 5-78　对齐选区　　　　　　　　　　　　　　图 5-79　输入文字

25 执行【窗口】|【文字和表】|【段落】命令，在弹出的【段落】面板中选择【右对齐】选项，如图 5-80 所示。文字的排版效果如图 5-81 所示。

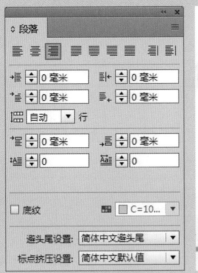

图 5-80 【段落】面板

图 5-81 文字右对齐

26 宣传页的最终效果如图 5-82 所示。

图 5-82 最终效果

强化训练

项目名称　制作旅游宣传页

项目需求

为某旅游公司制作一张尺寸为 210mm×297mm 的单面宣传页，要求突出旅游地特色和当地的风土人情，以吸引更多游客到此游玩。

项目分析

页面排版主要突出旅游信息及一些吸引顾客的宣传语，页面下方展示旅游地的图片，给顾客带来更直观的感受。

项目效果

项目效果如图 5-83 所示。

图 5-83　旅游宣传页效果

操作提示

01 置入素材，调整图层之间的顺序，制作宣传页背景。

02 使用【椭圆形工具】绘制正圆，使用【文字工具】输入宣传页的文字信息。

CHAPTER 06

表格的处理

本章概述 SUMMARY

InDesign CC 的表格功能非常强大。本章将对表格的创建、编辑和格式设置进行详细介绍。同时还对选取表格元素、插入行与列、调整表格大小、拆分与合并单元格、设置表格选项，以及设置单元格选项等内容进行讲解。

■ 学习目标
√ 熟悉表格基础知识
√ 掌握表格的创建
√ 掌握表格的编辑
√ 掌握表格格式的设置

◎产品说明书的制作

6.1 入手表格

表格又可以称之为表，是一种可视化交流模式，又是一种组织整理数据的手段。在编辑各种文档中，经常会用到各式各样的表格。表格给人一种直观明了的感觉。通常，表格是由成行成列的单元格组成的，如图 6-1 所示。

图 6-1 行、列、单元格

各种表格常常会出现在手写记录、计算机软件、印刷介质、建筑装饰、交通标志等许许多多地方。且表格是最常用的数据处理方式之一，主要用于输入、输出、显示、处理和打印数据，可以制作各种复杂的表格文档，甚至能帮助用户进行复杂的统计运算和图表化展示等。合理地运用表格，可以使读者更加方便快捷地了解信息。

6.2 创建表格

表格是由很多个类似于文本框架的单元格组合而成的，可在其中添加文本，下面将详细介绍如何创建表格。

■ 6.2.1 插入表格

在 InDesign CC 中提供了直接创建表格的功能，其具体操作方法如下。

01 选择工具箱中的【文字工具】，在页面中合适的位置按住鼠标拖出矩形文本框。

02 选择菜单栏中的【表】|【创建表】命令，打开【创建表】对话框，如图 6-2 所示。

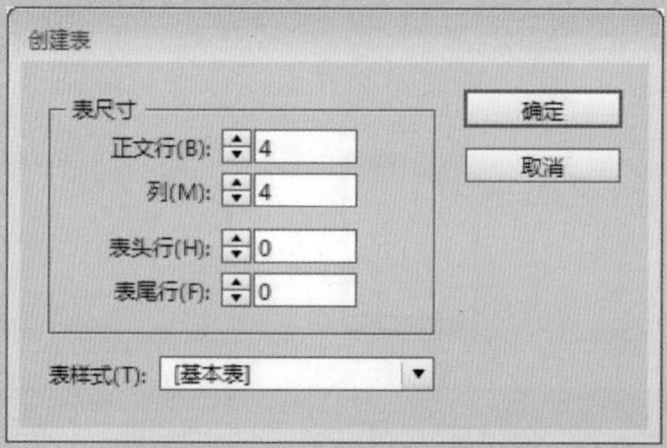

图 6-2 【创建表】对话框

03 在【创建表】对话框中设置表格的参数,如设置【正文行】为 4,【列】为 4,其他保持默认,单击【确定】按钮即可创建一个表格,如图 6-3 所示。

图 6-3　创建表

> **操作技巧**
>
> 在 InDesign CC 中想要创建新的表格,必须建立在文本框上,即要创建表格必须先创建一个文本框,或者在现有的文本框中单击定位,再绘制表格。按 Alt+Shift+Ctrl+T 快捷键可以快速打开【插入表】对话框。该对话框中各选项的含义说明如下。
>
> - 正文行:指定表格横向行数。
> - 列:指定表格纵向列数。
> - 表头行:设置表格的表头行数,如表格的标题在表格的最上方。
> - 表尾行:设置表格的表尾行数,它与表头行一样,不过位于表格最下方。
> - 表样式:设置表格样式,可以选择和创建新的表格样式。

6.2.2　导入表格

用户可以将其他软件制作的表格直接导入到 InDesign CC 的页面中,如 Word 文档表格、Excel 表格等,这将大大提高工作效率,非常方便。

小试身手——已有表格拿来即用

下面将对其具体操作进行介绍。

01 执行【文件】|【置入】命令,弹出【置入】对话框,选择要置入的表格文件,可以勾选左下角的【显示导入选项】复选框进行详细设置,如图 6-4 所示。

02 单击【打开】按钮,打开【Microsoft Excel 导入选项】对话框,设置相关选项,单击【确定】按钮,如图 6-5 所示。

图 6-4 【置入】对话框

图 6-5 【Microsoft Excel 导入选项】对话框

03 设置好相关参数后单击【确定】按钮，鼠标指针将变成一个置入的标志，在页面中单击或拖动即可将表格置入，置入后的效果如图 6-6 所示。

姓名	性别	数学	语文	英语
张飞	男	100	98	80
徐萍	女	97	88	85
蔡文	男	89	95	95

图 6-6 置入表格

▶ 操作技巧 ◑

　　表格的置入可以直接在制表软件中复制粘贴到 InDesign CC 中，但是需要设置，在菜单栏中执行【编辑】|【首选项】|【剪贴板处理】命令，打开【首选项】对话框，在【剪贴板处理】选项区中选中【所有信息（索引标志符、色板、样式等）】单选按钮，如图 6-7 所示。

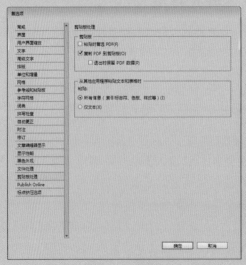

图 6-7 【首选项】对话框

6.2.3　添加图文对象

在制作表格时适当地添加与内容相对应的图片，会增加表格的直观性，提高读者的阅读兴趣。

1. 输入文本

在表格中添加文本，相当于在单元格中添加文本。有以下两种添加方法。

（1）选择【文字工具】，在要输入文本的单元格中单击定位，直接输入文字或者是粘贴文字。

（2）选择【文字工具】，在要输入文本的单元格中单击鼠标定位，执行【文件】|【置入】命令，选择需要的对象置入即可。

2. 输入图像

在表格中添加图像，方法与输入文字大致相同，用户可以用【复制】【粘贴】或者【置入】命令，并调试图片大小，效果如图6-8、图6-9所示。

商品	
价格	800

图6-8　定位

商品	
价格	800

图6-9　置入图片

6.3　编辑表格

创建好表格后，可通过一些简单操作改变单元格的行数、列数，可通过复制、剪切的方法编辑表格中的内容。

6.3.1　选择单元格、行和列

单元格是构成表格的基本元素，要选择单元格，有下列3种方法：

（1）使用【文字工具】，在要选择的单元格内单击，在菜单栏中执行【表】|【选择】|【单元格】命令，即可选择当前单元格。

（2）选择【文字工具】，在要选择的单元格内单击定位光标位置，然后按住 Shift 键的同时按下方向键即可选择当前单元格。

（3）选择【文字工具】，在要选择的单元格内按住鼠标，并向单元格的右下角拖动，即可将该单元格选中。选择多个单元格、行、列也可以使用此方法。

■ 6.3.2 插入行和列

对于已经创建好的表格，如果表格中的行或列不能满足要求，可以通过相关命令添加行与列。

1. 插入行

选择【文字工具】，在要插入行的前一行或后一行中的任意单元格中单击，定位插入点，然后执行菜单栏中的【表】|【插入】|【行】命令，打开【插入行】对话框，如图 6-10 所示。

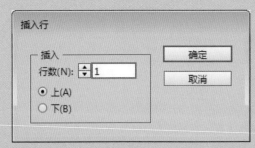

图 6-10 【插入行】对话框

操作技巧

可以按 Ctrl+9 快捷键快速打开【插入行】对话框。

在设置好需要的行数以及要插入行的位置后，可以直接单击【确定】按钮完成操作。效果如图 6-11、图 6-12 所示。

姓名	性别	数学	语文	英语
张飞	男	100	98	80
徐萍	女	97	88	85
蔡文	男	89	95	95

图 6-11 定位

姓名	性别	数学	语文	英语
张飞	男	100	98	80
徐萍	女	97	88	85
蔡文	男	89	95	95

图 6-12 插入行

2. 插入列

插入列与插入行的操作非常相似。首先选择【文字工具】，在要插入列的左一行或者右一行中的任意一行单击定位，然后执行菜单栏中的【表】|【插入】|【列】命令，打开【插入列】对话框。设置好相关参数后就可以单击【确定】按钮完成插入列的操作，步骤几乎和插入行一样，在此不再赘述。

■ 6.3.3 剪切、复制和粘贴表内容

在 InDesign CC 表格制作过程中，需要复制及粘贴表格内容的操作比较常见，其操作方法也较简单。用户可以直接拖选需要复制的内容，按 Ctrl+C 快捷键进行复制，然后将光标定位在需要粘贴的位置后直接按 Ctrl+V 快捷键进行粘贴即可。按 Ctrl+X 快捷键进行剪切，使用同样方法粘贴。

■ 6.3.4　删除行、列或表

在 InDesign CC 表格制作过程中，出现操作上的错误比较常见，此时便需要删除行、列或表。

使用【文字工具】在要删除行中的任意单元格中单击，定位插入点，然后执行菜单栏中的【表】|【删除】|【行】命令，即可删除行。执行菜单栏中的【表】|【删除】|【列】命令，即可删除列。执行菜单栏中的【表】|【删除】|【列】命令，即可删除表。

6.4　设置表的格式

通过调整行和列的大小、合并和拆分单元格、表头和表尾等，设置表格的格式使表格变得更加完善、专业。

■ 6.4.1　调整行和列的大小

当表格中的行或列，变得过大或者过小时，可通过以下的 4 种简便方法调整行和列的大小。

1. 直接拖动调整

直接拖动改变行、列或表格的大小，这是一种最简单最常见的方法。

选择【文字工具】，将光标放置在要改变大小的行或列的边缘位置，当光标变成↔状时，按住鼠标向左或向右拖动，可以增大或减小列宽；当光标变成↕状时，按住鼠标向上或向下拖动，可以增大或减小行高，如图 6-13 所示。

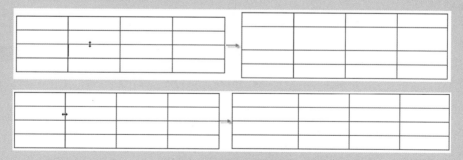

图 6-13　调整列宽与行高

2. 使用菜单命令精确调整

选择【文字工具】，在要调整的行或列的任意单元格单击，定位光标位置。若改变多行，则可以选择要改变的多行，然后执行菜单栏中的【表】|【单元格选项】|【行和列】命令，打开【单元格选项】对

话框，从中设置相应的参数后单击【确定】按钮即可完成，如图 6-14
所示。

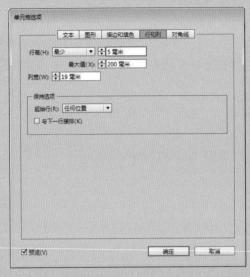

图 6-14　【单元格选项】对话框

3．使用【表】面板精确调整

除了使用菜单命令精确调整行高或列宽以外，还可以使用【表】
面板来精确调整行高或列宽。

选择【文字工具】，在要调整的行或列的任意单元格单击，定位
光标位置。如要改变多行，则可以选择要改变的多行，然后执行菜单
栏中的【窗口】|【文字和表】|【表】命令，打开【表】面板，如图 6-15
所示。设置相应的参数后按 Enter 键即可完成。

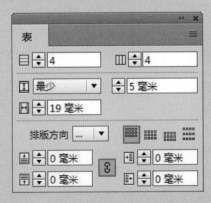

图 6-15　【表】面板

操作技巧

按 Shift+F9 快捷键，
可以快速打开【表】面板。

4．调整整个表格大小

如果需要修改整个表的大小，选择【文字工具】，然后将光标放
置在表格的右下角位置，按住鼠标向右下拖动即可放大或缩小表格的

大小。如果在拖动时按住 Shift 键，则可以将表格等比例缩放。

■ 6.4.2 合并和拆分单元格

在表格制作过程中为了排版需要，可以将多个单元格合并成一个大的单元格，也可以将一个单元格拆分为多个小的单元格。

1. 拆分单元格

在 InDesign CC 中，用户可以将一个单元格拆分为多个单元格，即通过执行【水平拆分单元格】和【垂直拆分单元格】命令来按需拆分单元格。

1）水平拆分单元格

选择【文字工具】，选择要拆分的单元格，可以是一个或多个单元格，如图 6-16 所示。然后执行【表】|【水平拆分单元格】命令，即可将选择的单元格进行水平拆分，水平拆分单元格操作效果如图 6-17 所示。

购物列表				
序号	名称	价格	数量	总价
1	设备 A	1500	2	3000
2	设备 B	1800	2	3600
3	设备 C	1600	2	3200

图 6-16 选择单元格

购物列表				
序号	名称	价格	数量	总价
1	设备 A	1500	2	3000
2	设备 B	1800	2	3600
3	设备 C	1600	2	3200

图 6-17 水平拆分单元格

2）垂直拆分单元格

选择【文字工具】，选择要拆分的单元格，可以是一个或多个单元格，如图 6-18 所示。然后执行【表】|【垂直拆分单元格】命令，即可将选择的单元格进行垂直拆分，垂直拆分单元格操作效果如图 6-19 所示。

序号	产品型号	价格
1	Net008-1	40
2	Net008-2	45
3	Net008-3	38

图 6-18 选择单元格

序号	产品型号	价格
1	Net008-1	40
2	Net008-2	45
3	Net008-3	38

图 6-19 垂直拆分单元格

2. 合并或取消合并单元格

使用【文字工具】选择要合并的多个单元格，如图 6-20 所示。然后执行【表】|【合并单元格】命令，或者直接单击控制栏中的【合并单元格】⊠按钮，均可直接把选择的多个单元格合并成一个单元格。合并单元格的操作效果如图 6-21 所示。

 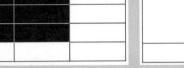

图 6-20　选择单元格　　　　　　　　　图 6-21　合并单元格

6.4.3　表头和表尾

在表格制作过程中，可通过以下简单的操作方法实现增加表格的表头、表尾。

选择【文字工具】，在要增加表头、表尾的表格中的任意单元格单击，定位光标位置。执行【表】|【表选项】|【表头和表尾】命令，在打开的【表选项】对话框中，设置【表头】【表尾】的参数，单击【确定】按钮，即可添加表格的表头与表尾，如图 6-22 所示。

图 6-22　【表选项】对话框

6.4.4　设置单元格内边距

表格制作时，表格内边距决定了表格是否带给人以舒适感。

01 选择【文字工具】，选择表格中的所有单元格，如图 6-23 所示。

套餐	月租（元）	原价	用户实付
普通用户	30	99	30
家庭	80	199	80
校园	50	120	50

图 6-23　选择单元格

02 执行【表】|【单元格选项】|【文本】命令，在打开的【单元格选项】对话框中，设置表单元格内边距，单击【确定】按钮，如图 6-24、图 6-25 所示。

图 6-24　【单元格选项】对话框

套餐	月租（元）	原价	用户实付
普通用户	30	99	30
家庭	80	199	80
校园	50	120	50

图 6-25　设置表单元格内边距

■ 6.4.5　溢流单元格

当文本框架太小，表格中的单元格出现溢流时，可采用以下操作方法解决。

框架出口处变为红色加号田时，表示该框架中有更多要置入的单元格，此时单击框架出口，如图 6-26 所示。出现载入单元格图标时，单击页面载入溢出的行，如图 6-27 所示。

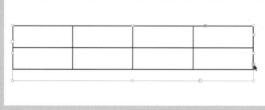

图 6-26　单击框架出口

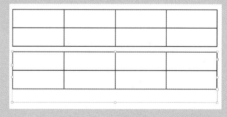

图 6-27　载入溢出的行

6.5　设置表格描边和填色

用户可对表格边框、颜色进行设置，以使其更加美观，下面将对其相关操作进行详细讲解。

小试身手——设置装饰公司项目改造设备购置详表

下面将介绍如何设置表格边框的具体过程。

01 选择【文字工具】，在表格中的任意单元格单击，定位光标位置，如图 6-28 所示。

02 执行【表】|【表选项】|【表设置】命令，在打开【表选项】对话框中，设置【粗细】、选择边框类型，如图 6-29 所示。

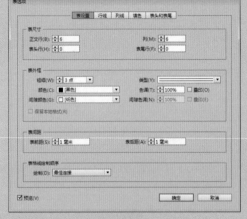

图 6-28　定位光标　　　　　　　　　　图 6-29　【表选项】对话框

03 在打开的【表选项】对话框中，选择【行线】选项，设置【交替模式】为自定行，设置【前】【粗细】【类型】【颜色】，如图 6-30、图 6-31 所示。

图 6-30　【表选项】对话框　　　　　　　图 6-31　行线的设置

04 在打开的【表选项】对话框中，选择【列线】，设置交替模式为自定行，设置【前】、【粗细】、【类型】、【颜色】，如图 6-32、图 6-33 所示。

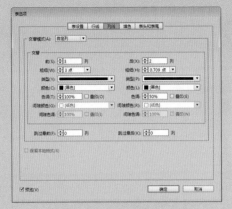

图 6-32 【表选项】对话框

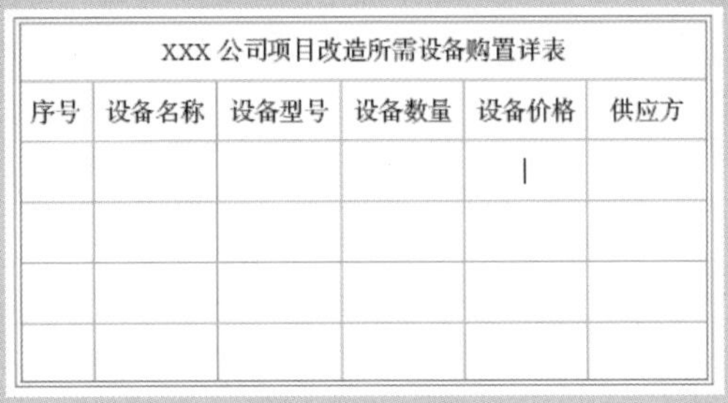

XXX 公司项目改造所需设备购置详表					
序号	设备名称	设备型号	设备数量	设备价格	供应方

图 6-33 列线的设置

小试身手——变换颜色让表格高大上

设置表格时，可以单独对某一个单元格或某一组单元格添加描边与填色。

01 选择【文字工具】，在表格中选择要设置描边与填色的单元格单击，定位光标位置，如图 6-34 所示。

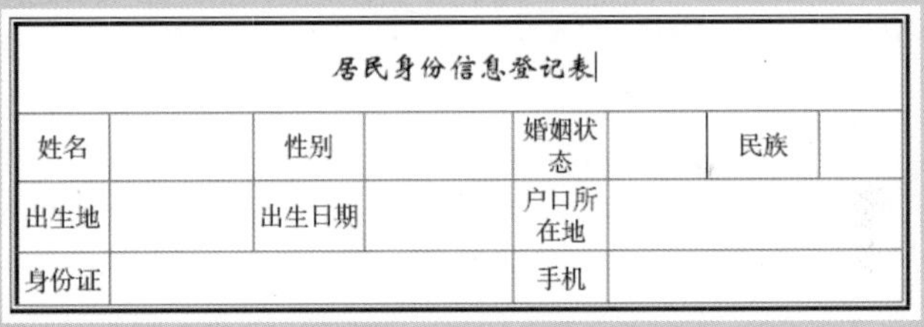

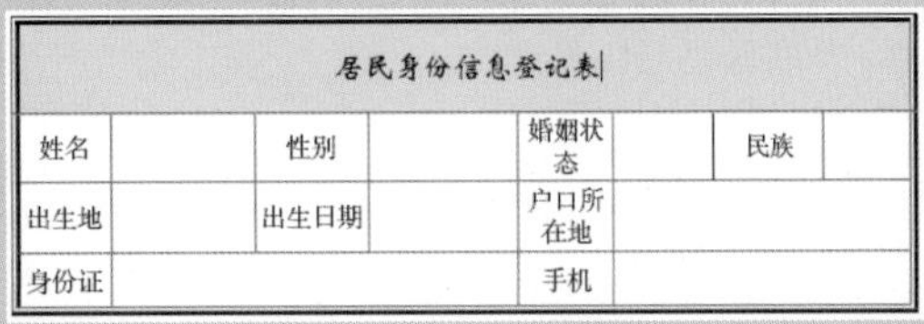

居民身份信息登记表							
姓名		性别		婚姻状态		民族	
出生地		出生日期		户口所在地			
身份证				手机			

图 6-34 定位光标

02 执行【表】|【单元格选项】|【描边和填色】命令，在打开的【单元格选项】对话框中，设置【单元格描边】、【单元格填色】的参数，如图 6-35、图 6-36 所示。

图 6-35 【单元格选项】对话框

居民身份信息登记表							
姓名		性别		婚姻状态		民族	
出生地		出生日期		户口所在地			
身份证				手机			

图 6-36 单元格填色的设置

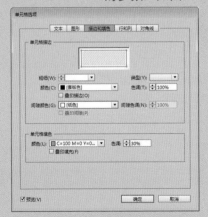

小试身手——为某一单元格添加对角线

设置表格时，经常需要为表格中的某一单元格添加对角线，下面将介绍添加对角线的简单操作方法。

01 选择【文字工具】，在表格中选择要添加对角线的单元格单击，定位光标位置，如图 6-37 所示。

图 6-37　定位光标

02 执行【表】|【单元格选项】|【对角线】命令，在打开的【单元格选项】对话框中，首先设置单元格对角线的类型，之后设置【线条描边】参数，如图 6-38、图 6-39 所示。

图 6-38　【单元格选项】对话框

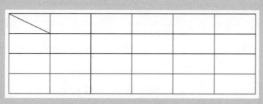

图 6-39　添加对角线

6.6　表格与文本的转换

在 InDesign CC 中可以轻松地将文本和表格进行转换。在将文本转换为表格时，需要使用指定的分隔符，如按 Tab 键、逗号、句号等，并且分成制表符和段落分隔符。如图 6-40 所示为输入时使用的制表符"，"和段落分隔符"。"。

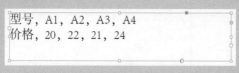

图 6-40　制表符和段落分隔符

使用【文字工具】选择要转换为表格的文本，执行【表】|【将文本转换为表】命令，在打开的【将文本转换为表】对话框中，选择对应的分隔符，最后单击【确定】按钮即可将文本转换为表格，如图 6-41 所示。文本转换为表格的操作效果如图 6-42 所示。

图 6-41 【将文字转换为表】对话框 图 6-42 文本转换为表格

型号	A1	A2	A3	A4
价格	20	22	21	24

6.7 课堂练习——制作产品说明书

以文体的方式对某产品进行相对详细的表述称之为产品说明书，使人认识、了解到某产品。设计时需注意其真实性、科学性、条理性、通俗性和实用性。通常其结构由标题、正文和落款三个部分构成，下面将详细讲解制作产品说明书的操作过程。

01 执行【文件】|【新建】|【文档】命令，打开【新建文档】对话框，在其对话框中设置参数【页数】为 1，【页面大小】为宽：525mm；高：130mm，设置【出血】为 3mm，然后单击【边距和分栏】按钮如图 6-43 所示。

02 在打开的【新建边距和分栏】对话框中，设置页面【边距】为 3mm，设置完成之后单击【确定】按钮，如图 6-44 所示。

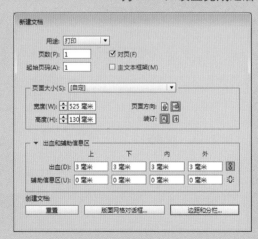

图 6-43 【新建文档】对话框　　　　　图 6-44 设置【新建边距和分栏】对话框

03 按住 Ctrl 键，制作出 6 条辅助线，将工作区分成 7 块，每块区域是 75，如图 6-45 所示。

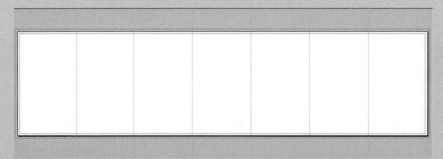

图 6-45 拖曳参考线

04 在第一块区域中选择工具箱中的【矩形框架工具】，绘制一个大小适中的框架，执行【文件】|【置入】命令，选择 logo. png 图像，将其放入合适的位置，如图 6-46 所示。

05 单击鼠标右键，在弹出的快捷菜单中执行【适合】|【按比例适合内容】命令，如图 6-47 所示。将鼠标光标置于图像上，单击鼠标右键，在弹出的快捷菜单中执行【显示性能】|【高品质显示】命令。

图 6-46 置入 logo

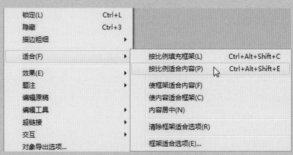

图 6-47 选择【按比例适合内容】命令

06 选择工具箱中的【文字工具】，输入文字，设置【字体】为微软雅黑，设置【文字大小】从上到下分别是 18、14 和 10，如图 6-48 所示。

07 选择工具箱中的【矩形工具】，绘制一个矩形，设置【填色】颜色为（C：24，M：18，Y：17，K：0），设置【描边】为无，设置高：67mm，宽：62mm，设置【圆角】的大小为 5mm，如图 6-49 所示。

图 6-48　输入文本内容 　　　　　　　　　　　　　　图 6-49　绘制圆角矩形

08 选择工具箱中的【文字工具】，输入文字，设置【文字大小】从上到下分别是 14 点和 8 点，【颜色】为黑色，设置文本框架与矩形框架【居中对齐】，如图 6-50 所示。

09 在第二块区域中选择【工具箱】中的【文字工具】，输入文字，设置【文字大小】从上到下分别是 14 点和 8 点，【颜色】为黑色，如图 6-51 所示。

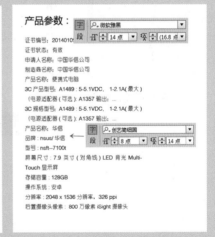

图 6-50　输入文本内容 　　　　　　　　　　　　　　图 6-51　输入文本内容

10 在第三块区域中选择工具箱中的【矩形工具】，绘制一个矩形，设置【填色】颜色为灰色（C：24，M：18，Y：17，K：0），设置【描边】为无，作为背景，如图 6-52 所示。

11 选择工具箱中的【文字工具】，输入文字，设置文字大小，位置如图 6-53 所示。

图 6-52 绘制矩形   图 6-53 输入文本内容

⓬ 选择工具箱中的【矩形框架工具】，绘制一个大小适中的
框架，执行【文件】|【置入】命令，置入图像。所在位置如图 6-54
所示。

⓭ 选择工具箱中的【直线工具】，绘制一条直线，将其放置
在合适的位置，在直线后面输入文字，如图 6-55 所示。

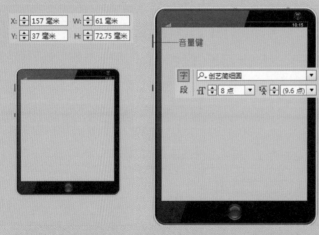

图 6-54 置入素材   图 6-55 输入文本

⓮ 复制刚刚绘制的线段和文字，放在合适的位置，将文字"音
量键"改成"电源键"，按照以上步骤，绘制出其他线段和文字，
如图 6-56 所示。

⓯ 在第四块区域选择工具箱中的【文字工具】，输入文字，
设置文字大小，位置如图 6-57 所示。

⓰ 选择工具箱中的【矩形框架工具】，绘制一个大小适中的
框架，执行【文件】|【置入】命令，置入图像，并调整其至合
适位置，如图 6-58 所示。

⓱ 在第五块区域选择工具箱中的【矩形工具】，绘制一个矩形，
设置【填色】颜色为（C：24，M：18，Y：17，K：0），设置【描
边】为无，作为背景，如图 6-59 所示。

图 6-56　输入其他文字　　　　　　　　　　图 6-57　输入文本内容

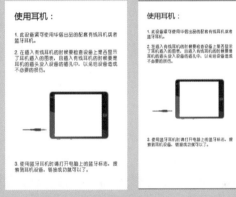

图 6-58　置入素材文件　　　　　　　　　　图 6-59　绘制矩形

18 选择工具箱中的【文字工具】，输入文字，设置文字大小，位置如图 6-60 所示。

19 选择工具箱中的【矩形框架工具】，绘制一个大小适中的框架，执行【文件】|【置入】命令，置入图像，所在位置如图 6-61 所示。

图 6-60　输入文本内容　　　　　　　　　　图 6-61　置入素材

20 在第六块区域选择工具箱中的【文字工具】，输入文字，设置文字大小，位置如图 6-62 所示。

21 执行【表】|【插入表】命令，在【创建表】对话框中设置表格参数，单击【确定】按钮，如图 6-63 所示，效果如图 6-64 所示。

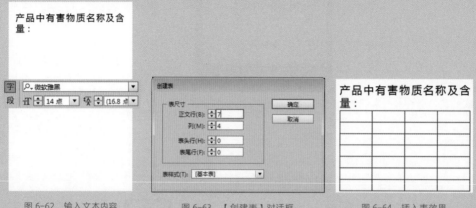

图 6-62　输入文本内容　　　　图 6-63　【创建表】对话框　　　　图 6-64　插入表效果

22 选中需要合并的单元格，单击鼠标右键，在弹出的快捷菜单中选择【合并单元格】命令，如图 6-65 所示。

23 合并完单元格的效果如图 6-66 所示。将鼠标光标放到表格的最后一行上方，当出现双向箭头时单击鼠标左键并拖曳鼠标，增加单元格的高度，如图 6-67 所示。

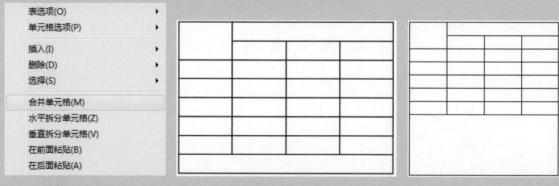

图 6-65　选择【合并单元格】命令　　　　图 6-66　合并效果　　　　图 6-67　增加高度

24 在表格中输入文字，效果如图 6-68 所示。

25 在表格的下方输入文字，效果如图 6-69 所示。

26 在第七块区域选择工具箱中的【矩形工具】，绘制一个矩形，置填色颜色为灰色（C：24，M：18，Y：17，K：0），设置【描边】为无，作为背景，如图 6-70 所示。

27 在第七块区域中输入文字，效果如图 6-71 所示。

电脑部件	有害物质		
	汞 (Hg)	铅 (Pb)	镉 (Cd)
电脑主体	0	0	0
电脑外壳	0	x	0
充电线	0	0	0
耳机	0	0	0
电脑膜	0	0	0

本表格一句 11136 的规定编制

0：表示该有害物质在该部件所有均质材料中的含量在 26572 规定的先来要求以下。

x：表示该有害物质至少在该部件的某一均质材料中含量超出 26572 规定的限量要求。

图 6-68　填充文字

产品中有害物质名称及含量：

电脑部件	有害物质		
	汞 (Hg)	铅 (Pb)	镉 (Cd)
电脑主体	0	0	0
电脑外壳	0	x	0
充电线	0	0	0
耳机	0	0	0
电脑膜	0	0	0

本表格一句 11136 的规定编制

0：表示该有害物质在该部件所有均质材料中的含量在 26572 规定的先来要求以下。

x：表示该有害物质至少在该部件的某一均质材料中含量超出 26572 规定的限量要求。

电脑外壳的铜合金触点含微量铅。

本产品符合欧盟环保要求，目前国际上尚无成熟技术可以减少铅及铜合金内的铅含量。

该产品所标示环保使用期限是指在正常使用条件下，产品含有的有害物质元素不会起需安全年限。

图 6-69　填充下方文字

产品中有害物质名称及含量：

电脑部件	有害物质		
	汞 (Hg)	铅 (Pb)	镉 (Cd)
电脑主体	0	0	0
电脑外壳	0	x	0
充电线	0	0	0
耳机	0	0	0
电脑膜	0	0	0

本表格一句 11136 的规定编制

0：表示该有害物质在该部件所有均质材料中的含量在 26572 规定的先来要求以下。

x：表示该有害物质至少在该部件的某一均质材料中含量超出 26572 规定的限量要求。

电脑外壳的铜合金触点含微量铅。

本产品符合欧盟环保要求，目前国际上尚无成熟技术可以减少铅及铜合金内的铅含量。

该产品所标示环保使用期限是指在正常使用条件下，产品含有的有害物质元素不会起需安全由年限。

图 6-70　绘制矩形

注意：

平板电脑要放置在比较安稳的地方，一般不要被其他物品压着，因为平板电脑的芯片和屏幕比较脆弱，如果经常被压的话，时间一长就会出现问题。

平板电脑使用的时候会产生很大的系统垃圾，如果你不及时清理的话，那么很快平板电脑就会速度降低，而且即便是清理的话，已经没有办法处理了，所以要及时的清理平板电脑的垃圾。

平板电脑使用的时候要多注意，建议连续使用平板电脑的时间控制在四个小时左右，如果使用的过长的话，会损坏平板电脑的芯片，特别是看视频和玩游戏，更是要注意时间问题。

平板电脑上网要注意很多事项，现在的网络有一些网很不正规，甚至是木马和病毒的网站，所以建议大家上网的时候，最好选择大型的网站，例如百度上网就比较安全，会有很多安全性的提示。

平板电脑注意防潮，因为平板电脑的芯片一旦被潮湿的话，就容易出现问题，而且很难修复，一旦平板电脑进水，那么大家要先慢慢的自然风干，然后在开机，千万不要进水以后强行开机，那样平板电脑可以会坏掉。

图 6-71　输入文字

28 至此所有的步骤就完成了，效果如图 6-72 所示。

图 6-72　最终效果

强化训练

项目名称　制作可填写课程表

项目需求

　　某培训班老师特委托为其制作一张尺寸为 12cm×12cm 的可填写式课程表，设计风格需生动活泼，适合 7 ～ 12 岁的小朋友使用。

项目分析

　　因课程表的使用群体为小学生，所以课程表的背景制作使用卡通插画直接绘制，增加孩子们的使用兴趣。课程表的颜色主要选择蓝色和黄色，起到色调互补作用，舒适而不刺眼。

项目效果

　　项目效果如图 6-73 所示。

图 6-73　可填写课程表

操作提示

01 使用基本图形绘制背景图案，注意图形之间的颜色搭配。

02 使用表格工具绘制表格，设置表格样式之后，输入文本信息。

本章概述 SUMMARY

InDesign CC 提供了多种可用样式功能，其中包括段落样式、字符样式、表样式等。当需要对多个字符应用相同的属性时，可以创建字符样式；当需要对段落应用相同的属性时，可以创建段落样式；当需要对表应用相同的属性时，可以创建表样式；当需要对多个对象应用相同的属性时，可以创建对象样式。本章将对样式与库的应用进行详细介绍。

■ 学习目标
- √ 掌握创建字符样式
- √ 掌握创建段落样式
- √ 掌握创建表样式
- √ 掌握创建和应用对象样式
- √ 掌握创建和应用对象库

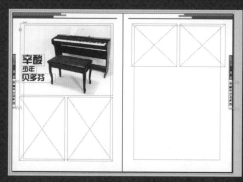

◎框架排版

◎黑白图书内页制作效果

7.1　字符样式

　　字符样式是指具有字符属性的样式。在编排文档时，可以将创建的字符样式应用到指定的文字上时，这样文字将采用样式中的格式属性。

■ 7.1.1　创建字符样式

　　执行【窗口】|【文字和表】|【字符样式】命令，打开【字符样式】面板，随后单击【字符样式】面板右上角的 ▼≡ 按钮，弹出如图 7-1 所示的快捷菜单，若选择【新建字符样式】命令，则打开【新建字符样式】对话框，如图 7-2 所示。

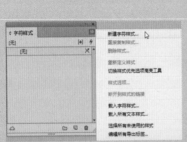

图 7-1　选择【新建字符样式】命令　　　　图 7-2　【新建字符样式】对话框

　　在【常规】选项区域的【样式名称】文本框中输入新建样式的名称，如"文章标题"，若当前样式是基于其他样式创建，则可在【基于】下拉列表框中选择基的样式名称。选择【基本字符格式】选项，此时在右侧可以设置此样式中具有的基本字符样式，如图 7-3 所示。

　　用同样的方法，用户可以分别设置字符的其他属性，如【高级字符格式】【字符颜色】【着重号设置】【着重号颜色】等，设置完成后单击【确定】按钮，在弹出的【字符样式】对话框中可看到新建的字符样式"文章标题"，如图 7-4 所示。

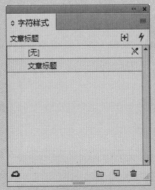

图 7-3　【字符样式选项】对话框　　　　　图 7-4　【字符样式】面板

7.1.2 应用字符样式

选择需要应用样式的标题，选择"人生往事"，在【字符样式】面板中单击新建的字符样式【文章标题】，则应用了【文章标题】样式后的效果如图 7-5、图 7-6 所示。随后用同样的方法，可以为文档中所有的诗词标题应用【文章标题】样式，而不用逐一设置字符及标题样式。

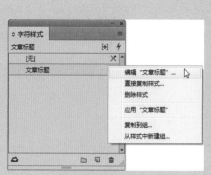

图 7-5　选中"人生往事"　　　　　　　　　图 7-6　应用【文章标题】样式

7.1.3 编辑字符样式

当需要更改样式中的某个属性时，可以在样式上右击，在弹出的快捷菜单中选择【编辑"文章标题"】命令，如图 7-7 所示。随后打开【字符样式选项】对话框，从中可以更改样式中所包含的格式，如在【基本字符格式】选项中设置行距为【自动】；设置【文章标题】的颜色为玫红色（C：100，M：0，Y：0，K：0），单击【确定】按钮即可，如图 7-8 所示。

图 7-7　选择【编辑"文章标题"】命令　　　　　图 7-8　【字符样式选项】对话框

7.1.4 删除字符样式

对于不用的字符样式，可单击【字符样式】面板上的 🗑 按钮进行删除，如图 7-9 所示。

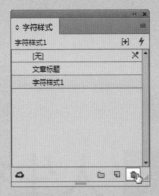

图 7-9 【字符样式】面板

7.2 段落样式

段落样式能够将样式应用于文本以及对格式进行全局性修改，从而增强整体设计的一致性。

■ 7.2.1 创建段落样式

下面将对段落样式的创建操作进行详细介绍。

01 执行【窗口】|【文字和表】|【段落样式】命令，打开【段落样式】面板，如图 7-10 所示。

02 单击【创建新样式】按钮，创建一个段落新样式，样式名为"段落样式 1"，双击【段落样式 1】，如图 7-11 所示，打开【段落样式选项】对话框。

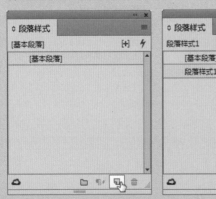

图 7-10 【段落样式】面板

图 7-11 创建新样式

03 在【段落样式选项】对话框中，在左侧选择【基本字符格式】，在右侧的【基本字符格式】选项区中设置【字体系列】、【字体样式】、【大小】、【行距】，如图 7-12 所示。

04 在左侧选择【高级字符格式】选项，在右侧设置格式，操作方法与基本字符样式的新建方法类似，设置完成后单击【确定】按钮即可。新建后的段落样式显示在【段落样式】面板中，如图 7-13 所示。

图 7-12 设置【基本字符格式】

图 7-13 【段落样式】面板

7.2.2 应用段落样式

新建段落样式后，可以将样式应用到指定的段落中。选择段落或将光标定位在段落中，如图 7-14 所示，单击【段落样式】面板中的样式，如"文章正文"，即可将样式应用到段落中，应用了【段落样式】后的效果如图 7-15 所示。

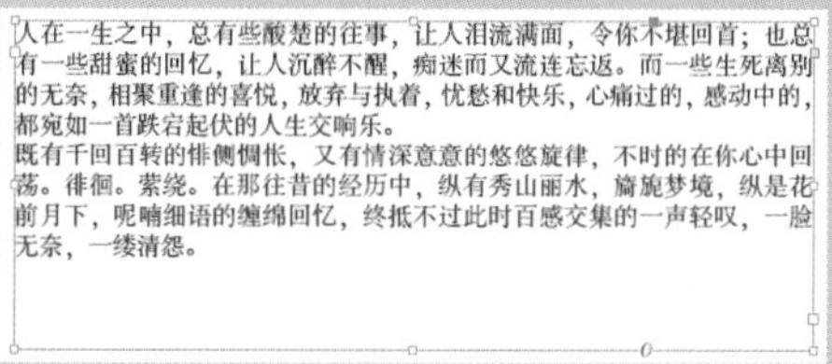

图 7-14 定位光标

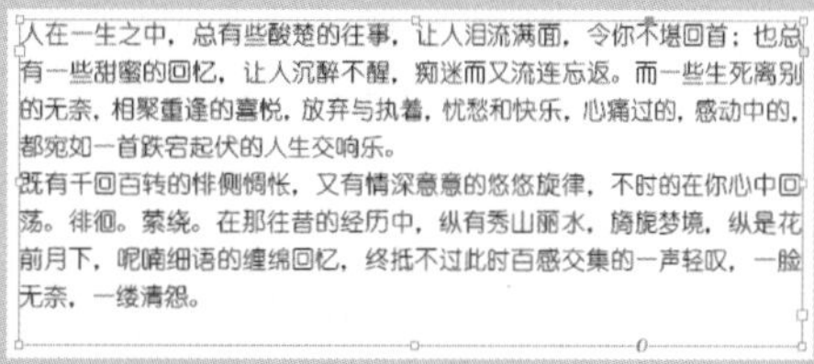

图 7-15 应用【段落样式】

操作技巧

如果某个段落样式或字符样式已被应用到整个文档的不同文本框中，只需修改某部分文字的属性（此时该样式名称的后面会标记一个"+"），然后选择【重新定义样式】，则样式中的文字属性会变成与已修改的文字一样，同时整个文档中应用了该样式的文字也会改变，无须逐个修正。

7.2.3 编辑段落样式

编辑段落样式和编辑字符样式的方法类似,在【段落样式】面板中双击需要更改的段落样式,或右键单击要更改的段落样式,在弹出的快捷菜单中选择【编辑段落样式名称】命令,弹出【段落样式选项】对话框,如更改段落的【缩进和间距】命令,设置段前距和段后距都为 2 毫米,如图 7-16 所示,单击【确定】按钮即可完成段落样式的编辑。

编辑了段落样式后,便可以看到文中应用该样式的段落都更改成了新的样式,如图 7-17 所示。

图 7-16 设置缩进和间距　　　　　　　　　　　　图 7-17 应用新样式

7.2.4 删除段落样式

对于不用的段落样式,可单击【段落样式】面板上的 ▾▤ 按钮,在弹出的菜单中选择【删除样式】命令即可删除不需要的段落样式。

7.3　表样式

表样式适合于将内容组织成行和列,通过使用表样式,可以轻松便捷地设置表的格式,就像使用段落样式和字符样式设置文本的格式一样。表样式能够控制表的视觉属性,包括表边框、表前间距和表后间距、行描边和列描边以及交替填色模式。

7.3.1 创建表样式

执行【窗口】|【文字和表】|【表样式】命令,打开【表样式】面板,单击【表样式】面板上的 ▾▤ 按钮,在打开的下拉列表中选择【新建表样式】选项,打开【新建表样式】对话框,如图 7-18 所示。

在【新建表样式】对话框的左侧选择【表设置】选项，在右侧的【样式名称】文本框中输入要创建的表样式的名称，如"阅读兴趣调查表"；在【表外框】区域的【粗细】文本框中输入表外框线条的粗细，如"2点"，如图 7-19 所示。

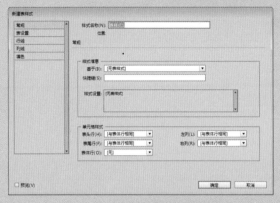

图 7-18 【新建表样式】对话框

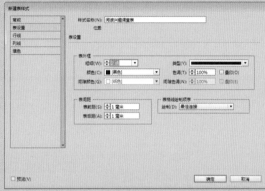

图 7-19 设置【表设置】

在【新建表样式】对话框的左侧选择【行线】选项，在右侧的【交替模式】下拉列表框中可选择一种交替模式，如"每隔一行"；在【交替】选项区域中可设置行线的粗细、类型、颜色、色调等，如图 7-20 所示。

在【表样式选项】对话框的左侧选择【行线】选项，在右侧的【交替模式】下拉列表框中选择一种交替模式，如"每隔一列"；在【交替】选项区域中设置"前 1 列"和"后 1 列"的属性，如图 7-21 所示。

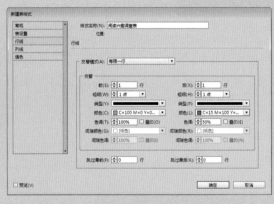

图 7-20 设置【行线】

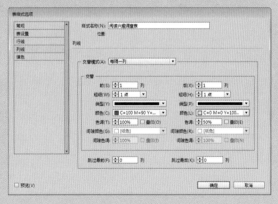

图 7-21 设置【列线】

在【表样式选项】对话框的左侧选择【填色】选项，在右侧的【交替模式】下拉列表框中选择一种交替模式，如"自定列"，在【交替】选项区域中设置"前 1 行""后 2 列"的属性，如图 7-22 所示，单击【确定】按钮，即可创建一个新的表样式。

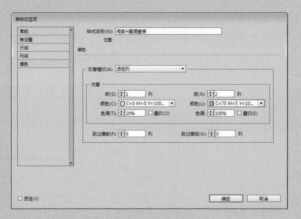

图 7-22　设置【填色】

■ 7.3.2　应用表样式

用户可以对表格应用表样式，其具体操作介绍如下。

01 打开"阅读兴趣调查表"表格，选中整个表格，如图 7-23、图 7-24 所示。

阅读兴趣调查表			
你热爱读书吗？	非常热爱	一般	不热爱
调查结果	40%	50%	10%

图 7-23　打开表格

你热爱读书吗？	非常热爱	一般	不热爱
调查结果	40%	50%	10%

图 7-24　选中表格

01 单击【表样式】面板中的"阅读兴趣调查表"，如图 7-25 所示。随后即可发现整个表格应用了"阅读兴趣调查表"，如图 7-26 所示。

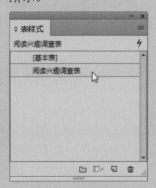

图 7-25　【表样式】面板

阅读兴趣调查表			
你热爱读书吗？	非常热爱	一般	不热爱
调查结果	40%	50%	10%

图 7-26　应用样式

7.3.3 编辑表样式

双击【表样式】面板中要编辑的样式或在要编辑的样式上单击右键，在弹出的快捷菜单中选择【编辑样式】命令，即可打开编辑窗口进行样式编辑。

例如，在"阅读兴趣调查表"上双击，或在"阅读兴趣调查表"右击，在弹出的快捷菜单中选择【编辑"阅读兴趣调查表"】命令，如图 7-27 所示。

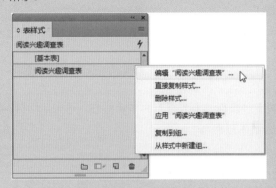

图 7-27 【表样式】面板

打开【表样式】选项框，从中可修改常规、表设置、行线、列线、填色选项，最后单击【确定】按钮，即可完成表样式的编辑。

对于短文档（特别是像名片、广告、海报和宣传页等单页文档）包含相对较少的文本，并不重复使用同一格式，则最好直接用手工对文本进行格式化。

7.3.4 删除表样式

选中要删除的表样式，单击【删除选定样式 / 组】按钮，即可完成表样式的删除。如要删除【调查表样式】，操作方法如下。

选中【表样式 1】，单击【删除选定样式 / 组】按钮，如图 7-28 所示。在【表样式 1】上单击右键，在弹出的快捷菜单中选择【删除样式】命令，如图 7-29 所示，即可删除样式。

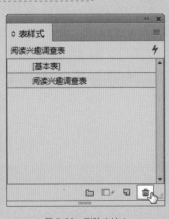

图 7-28 删除方法 1

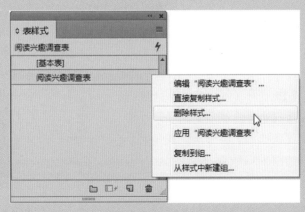

图 7-29 删除方法 2

7.4 创建和应用对象样式

对象样式能够将格式应用于图形、文本和框架。使用【对象样式】面板,可以快速设置文档中的图形与框架的格式,还可以添加透明度、投影、内阴影、外发光、内发光、斜面和浮雕等效果;同样也可以为对象、描边、填色和文本分别设置不同的效果。

■ 7.4.1 创建对象样式

下面将对对象样式的创建操作进行详细介绍。

01 执行【窗口】|【对象样式】命令,打开【对象样式】面板,如图 7-30 所示。

02 单击【对象样式】面板上的菜单按钮,选择【新建对象样式】命令,如图 7-31 所示。

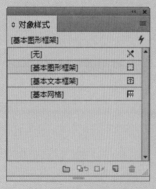

图 7-30 【对象样式】面板

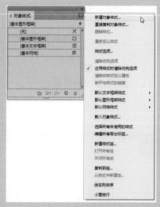

图 7-31 选择【新建对象样式】命令

03 在弹出的【新建对象样式】对话框中选择【基本属性】区域的【描边】选项,设置【描边】颜色为蓝色,【粗细】为 1 点,【类型】为空心菱形,如图 7-32 所示。

04 选择【基本属性】区域的【描边与角选项】选项,设置【角选项】为【反向圆角】,如图 7-33 所示。

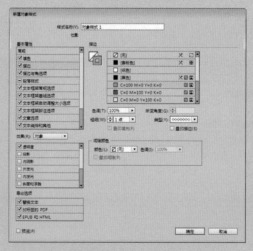

图 7-32 设置【描边】

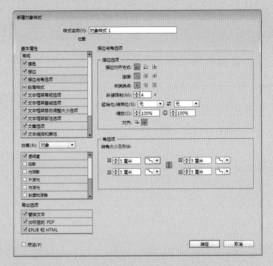

图 7-33 设置【描边与角选项】

05 选择【基本属性】区域的【文本绕排和其他】选项，在【文本绕排】区域中单击【沿定界框绕排】按钮，上、下、左、右位移均为"1 毫米"，在【绕排选项】区域的【绕排至】选项中选择"左侧和右侧"，如图 7-34 所示。

06 设置完成后单击【确定】按钮，随后返回【对象样式】面板，如图 7-35 所示。

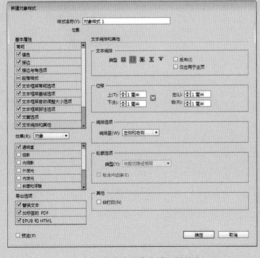

图 7-34 设置【文本绕排和其他】

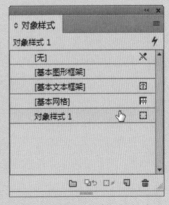

图 7-35 返回【对象样式】面板

■ 7.4.2 应用对象样式

下面将对对象样式的应用进行详细介绍。

01 选择工具箱中的【矩形工具】，绘制一个正方形，高度和宽度分别是"24毫米",如图7-36所示。

02 选择绘制的正方形图形,单击【对象样式】面板中的"对象样式1",则应用了对象样式后的正方形,如图7-37所示。

图7-36 绘制正方形   图7-37 应用对象样式

03 执行【文件】|【置入】命令,弹出【置入】面板,置入"动物.jpg"文件,在图形框架上单击右键,执行【适合】|【使内容适合框架】命令,如图7-38所示,置入图片后的效果如图7-39所示。

图7-38 选择【使内容适合框架】命令   图7-39 效果图

操作技巧

为对象应用对象样式时,也可以将对象样式直接拖到对象上,以完成对象样式的应用,并不用提前选择对象。

7.5 对象库

对象库在磁盘上是以命名文件的形式存在的。创建对象库时,可指定其存储位置。库在打开后将显示为面板形式,可以与任何其他面板编组,对象库的文件名显示在它的面板选项卡中。

■ 7.5.1 创建对象库

下面将对如何创建对象库操作进行详细介绍。

01 执行【文件】|【新建】|【库】命令,在打开的【CC库】面板中选择"否",如图7-40所示。

02 打开【新建库】对话框,设置新建库的保存类型和文件名,单击【确定】按钮,如图7-41所示。

图 7-40 【CC 库】面板　　　　　　　　　　　图 7-41 【新建库】对话框

03 弹出【库】面板，如图 7-42 所示。选择页面上的图片，单击底部的【新建库项目】按钮 ，将选择的图片添加到【库】面板中，如图 7-43 所示。

图 7-42 【库】面板　　　　　　　　　　　图 7-43 新建库项目

04 在【库】面板中双击新建的库项目，打开【项目信息】对话框，将【项目名称】更改为"纯真"，在【说明】文本框中输入"纯真的小孩"，最后单击【确定】按钮，如图 7-44 所示。

05 用同样的方法可以加入其他对象库，如图 7-45 所示。

图 7-44 【项目信息】对话框　　　　　　　　　图 7-45 加入其他对象库

■ 7.5.2　应用对象库

下面将对对象库的应用操作进行介绍。

01 执行【文件】|【打开】命令，打开【打开文件】对话框，从中选择库文件【库】，如图 7-46 所示。

图 7-46　【打开文件】对话框

02 单击【打开】按钮，弹出【库】面板。在【库】面板中选择要置入的库项目，直接将库项目拖曳到页面中的合适位置即可，如图 7-47 所示。

图 7-47　将库项目拖曳到页面中

■ 7.5.3　管理库中的对象

【库】中已经存在的对象，可以对其进行显示、修改、删除的操作，对其进行管理。

1. 显示或修改库项目信息

选择一个库项目，单击【库】面板底部的【显示库项目】按钮，如图 7-48 所示。打开【项目信息】对话框，在此可查看或修改库项目，如图 7-49 所示。

图 7-48　单击【显示库项目】按钮　　　　　图 7-49　【项目信息】对话框

2．显示库子集

单击【库】面板底部的【显示库子集】按钮，打开【显示子集】对话框，从中单击【更多选择】按钮，可以增加一个查询条件，如图 7-50 所示。随后输入查询条件，并单击【确定】按钮，【库】面板将会显示出符合条件的项目，如图 7-51 所示。

图 7-50　【显示子集】对话框　　　　　　　图 7-51　【库】面板

3．显示全部

单击【库】面板右上角的菜单按钮，在弹出的快捷菜单中选择【显示全部】命令，即可显示全部的库项目，如图 7-52 所示。

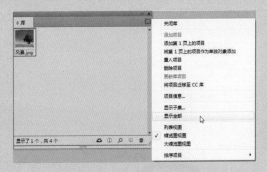

图 7-52　选择【显示全部】命令

4.删除库项目

对于不需要的库项目可以删除。选择要删除的库项目,单击【库】面板底部的【删除库项目】按钮,即可删除库项目,如图7-53所示。

图7-53 单击【删除库项目】按钮

7.6 课堂练习——制作黑白图书内页

黑白图书内页主要体现的是排版方式与思路,通过所学知识将文本与图片结合在一起,完成排版。下面介绍制作黑白图书内页的具体操作步骤。

01 启动 InDesign CC,在【开始】界面中单击【新建】按钮,打开【新建文档】对话框,设置【页数】为2,取消右侧【对页】复选框的勾选,在【页面大小】选项组中,设置【宽度】为185mm,【长度】为260mm,如图7-54所示。

02 单击右下角的【边距和分栏】按钮,打开【新建边距和分栏】对话框,从中设置【边距】各为20mm,单击【确定】按钮,如图7-55所示。

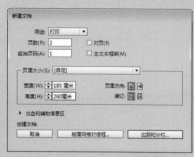

图7-54 【新建文档】对话框

图7-55 【新建边距和分栏】对话框

03 执行【窗口】|【页面】命令，打开【页面】面板，单击【页面】右上角的 ≡ 按钮，如图 7-56 所示。

04 在弹出的快捷菜单中，将【允许文档页面随机排布】和【允许选定的跨页随机排布】两个选项取消勾选，如图 7-57 所示。

图 7-56 【页面】面板

图 7-57 取消勾选

05 选择"页面 2"并拖动其至"页面 1"的左侧，使两个页面并列排布，如图 7-58 所示。

06 此时新建的空白文档显示效果，如图 7-59 所示。

图 7-58 移动页面

图 7-59 空白文档

07 选择工具栏中的【矩形工具】，在页面上单击，弹出【矩形】对话框，设置【宽度】与【高度】的参数，单击【确定】按钮，如图 7-60 所示。

08 选中矩形，执行【窗口】|【颜色】|【颜色】命令，打开【颜色】面板，设置【颜色】为黑色，【描边】为无，如图 7-61 所示。

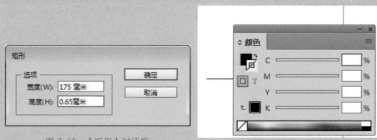

图 7-60 【矩形】对话框

图 7-61 设置颜色

09 将其移动至页面左上角，在控制栏中设置【对齐】为【对齐页面】，使其与页面左对齐，设置其 Y 值为 8.5mm，如图 7-62 所示。

10 按 Ctrl+C 快捷键复制，按 Ctrl+V 快捷键粘贴，将其移动至"页面 2"右上角，使其与页面右对齐，如图 7-63 所示。

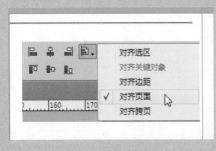

图 7-62　设置对齐方式

图 7-63　复制图形

11 使用【矩形工具】，绘制【宽度】为 69mm，【高度】为 5mm 的矩形，设置【填色】为黑色，【描边】为无，如图 7-64 所示。

12 按 Shift 键，加选"页面 1"左上角矩形，再次单击左上角的矩形，以其为对齐目标，如图 7-65 所示。

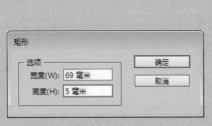

图 7-64　绘制矩形

图 7-65　加选图形

13 在控制栏中设置其【对齐】为【对齐选区】，单击左对齐、底对齐选项，如图 7-66 所示。

14 使用【选择工具】，选择上方小矩形，在控制栏中调整其透明度为 80%，如图 7-67 所示。

图 7-66　设置对齐方式

图 7-67　设置透明度

15 使用【矩形工具】，绘制矩形，设置【填色】为黑色，调整其位置，设置【透明度】为 48%，如图 7-68 所示。

16 使用同样方法，绘制矩形，设置【填色】为黑色，调整其位置，设置【透明度】为 58%，如图 7-69 所示。

图 7-68 绘制矩形   图 7-69 绘制矩形

17 按 Shift 键，分别加选三个透明度不同的矩形图形，将其复制粘贴至"页面 2"中，如图 7-70 所示。

18 使用【选择工具】，右击鼠标，在弹出的快捷菜单中执行【变换】|【水平翻转】命令，如图 7-71 所示。

图 7-70 复制粘贴   图 7-71 水平翻转图形

19 按 Ctrl+G 快捷键，将其编组，在控制栏中设置【对齐】为【对齐页面】使其与"页面 2"顶对齐、右对齐，如图 7-72 所示。

20 使用【矩形工具】，单击"页面 1"，在打开的【矩形】面板中设置其宽度与高度，并设置其【填色】为黑色，【描边】为无，调整其至合适位置，使其与页面左对齐，如图 7-73 所示。

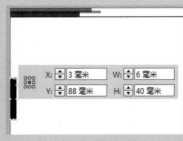

图 7-72 设置对齐方式   图 7-73 设置参数

㉑ 使用【选择工具】，按 Alt+Shift 快捷键，垂直复制矩形至
其下方，如图 7-74 所示。

㉒ 在控制栏中，设置其【填色】为无，【描边】为黑色，描
边大小为 1，如图 7-75 所示。

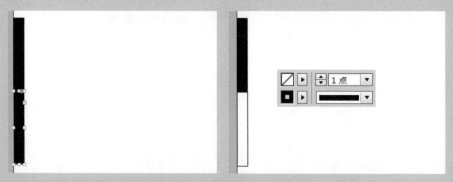

图 7-74　复制矩形　　　　　　　　　　　图 7-75　设置填色与描边

㉓ 使用【选择工具】，将鼠标移动至下方中间控制点处，当
光标变为双向箭头时，拖动鼠标，增加其长度，如图 7-76 所示。

㉔ 选择工具栏中的【直排文字工具】，绘制文本框架，输入
文本内容为"钢琴世界——第三章"，在控制栏中设置其字体
颜色为白色，如图 7-77 所示。

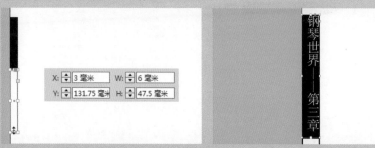

图 7-76　增加长度　　　　　　　　　　　图 7-77　绘制文本框架

㉕ 选择文本框架，右击鼠标，在弹出的快捷菜单中执行【框
架类型】|【框架网格】命令，如图 7-78，转换效果如图 7-79 所示。

图 7-78　选择【框架网格】命令　　　　　图 7-79　转换效果

26 按 Shift 键，先选择下方黑色矩形，再选择上方【文本框架】，执行【窗口】|【对象与版面】|【对齐】命令，设置【对齐】为【对齐关键对象】，使其水平居中对齐和垂直居中对齐，如图 7-80 所示，对齐效果如图 7-81 所示。

图 7-80　设置对齐方式　　　　　　　　　图 7-81　对齐效果

操作技巧

　　如果对齐方式选择为【对齐关键对象】，则需要先选择对齐目标，再选择需要对齐的对象。

27 按 Alt+Shift 快捷键，拖动鼠标垂直复制文本框架至下方矩形的上方，如图 7-82 所示。

28 使用【文字工具】，在文本框架内单击，按 Ctrl+A 快捷键，全选文字，如图 7-83 所示。

图 7-82　复制文本框架　　　　　　　　　图 7-83　全选文字

29 设置字体颜色为黑色，输入文字内容为"辛酸年少贝多芬"，在【字符】面板中设置其字间距，如图 7-84 所示。

30 按 Shift 键，先选择下方黑色边框矩形，再选择上方文本框架，执行【窗口】|【对象与版面】|【对齐】命令，设置对齐为【对齐关键对象】，使其水平居中对齐和垂直居中对齐，对齐效果如图 7-85 所示。

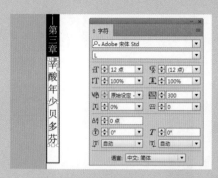

图 7-84　输入文本内容

图 7-85　设置对齐方式

31 使用【选择工具】，绘制选择区域，选择如图 7-86 所示的图层，按 Ctrl+G 快捷键，将其编组。

32 按 Alt+Shift 快捷键，水平复制到"页面 2"的右侧位置，与"页面 2"左对齐，如图 7-87 所示。

图 7-86　绘制选择区域　　　　　　　　图 7-87　复制并移动

33 使用【矩形框架工具】，在"页面 1"中绘制矩形框架，并将其调整至合适位置，如图 7-88 所示。

34 执行【文件】|【置入】命令，置入素材图片"钢琴 .jpg"，如图 7-89 所示。

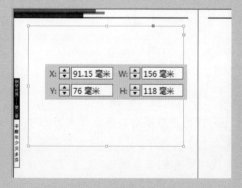

图 7-88　绘制矩形框架

图 7-89　置入素材

35 右击鼠标，执行【适合】|【按比例填充框架】命令，效果如图 7-90 所示。

36 右击鼠标，执行【显示性能】|【高品质显示】命令，效果如图 7-91 所示。

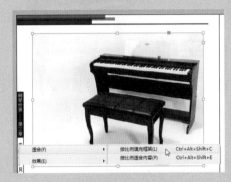

图 7-90　选择【按比例填充框架】命令　　　　图 7-91　选择【高品质显示】命令

37 选择【文字工具】，绘制文本框架，输入"辛酸""少年""贝多芬"，如图 7-92 所示。

38 单击"辛酸"文本框架，按 Ctrl+A 快捷键，全选框内文字，执行【窗口】|【文字和表】|【字符】命令，打开【字符】面板，设置其字体、字号，并适当调整文本框架高度，效果如图 7-93 所示。

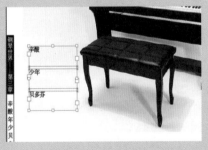

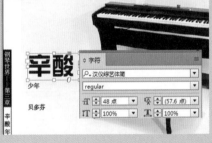

图 7-92　输入文本内容　　　　　　　　　　图 7-93　设置字体、字号

39 "少年""贝多芬"分别使用同样方法设置其字体、字号及字间距等，如图 7-94、图 7-95 所示。

图 7-94　设置字体、字号　　　　　　　　　　图 7-95　调节间距

40 使用【选择工具】，按 Shift 键加选"辛酸""少年""贝多芬"
三个文本框架，如图 7-96 所示。

41 使用【选择工具】，调整其间距，如图 7-97 所示。

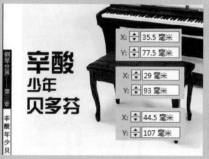

图 7-96　加选文本框架　　　　　　　　图 7-97　调整间距

42 选择工具栏中的【矩形框架工具】，在"页面 1""页面 2"
中绘制内页内容框架，如图 7-98 所示。

43 使用【选择工具】，单击"页面 1"中左侧矩形框架，执行
【文件】|【置入】命令，置入素材文件"贝多芬内容 .txt"，如
图 7-99 所示。

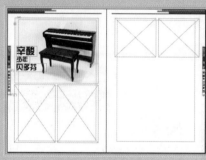

图 7-98　绘制内容框架　　　　　　　　图 7-99　置入素材

44 单击文本框架的出口（红色加号处），光标显示为载入文
本图标 ，如图 7-100 所示。

45 单击"页面 1"右侧框架，载入文本，效果如图 7-101 所示。

图 7-100　单击文本框架出口　　　　　　图 7-101　载入文本

46 再次使用同样的方法，将溢出的文字，按顺序从左至右，载入"页面 2"上方的矩形框架中，如图 7-102 所示。

47 选择工具栏中的【矩形框架工具】，在"页面 2"下方绘制一个矩形框架，如图 7-103 所示。

图 7-102　载入溢出文字　　　　　　　　　　图 7-103　绘制矩形框架

48 执行【文件】|【置入】命令，置入素材文件"贝多芬 .png"，右击鼠标，执行【合适】|【按比例填充框架】命令，如图 7-104 所示。

49 右击鼠标，执行【显示性能】|【高品质显示】命令，效果如图 7-105 所示。

图 7-104　选择【按比例填充框架】命令　　　　图 7-105　高品质显示

50 使用【选择工具】，将鼠标移至矩形框架中心位置，矩形框架中心出现透明圆环，如图 7-106 所示。

51 单击并拖动鼠标，移动矩形框架中图像的位置，移动效果如图 7-107 所示。

图 7-106　移动光标　　　　　　　　　　　　图 7-107　移动框架内图片

52 使用【选择工具】，在"页面2"的右下角绘制矩形，设置【填色】为黑色，【描边】为无，并在控制栏中设置宽度、高度、X值、Y值，如图7-108所示。

53 选择工具栏中的【文字工具】，绘制文本框架，将上方溢出字体载入绘制的文本框中，如图7-109所示。

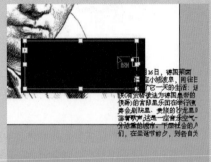

图7-108　设置高度、宽度　　　　　　　图7-109　载入溢出字体

54 执行【窗口】|【样式】|【段落样式】命令，弹出【段落样式】面板，单击面板底部的【创建新样式】按钮，如图7-110所示。

55 双击【段落样式1】选项，弹出【段落样式选项】面板，在该面板中，将【样式名称】改为"内文"，如图7-111所示。

图7-110　单击【创建新样式】按钮　　　　图7-111　修改【样式名称】

56 单击左侧选项栏中的【基本字符格式】，将面板右侧的【字体系列】设置为宋体，【大小】为9点，如图7-112所示。

57 单击左侧选项栏中的【缩进和间距】，将【对齐方式】设置为双行末行齐左，将面板右侧的【首行缩进】设置为 6mm，单击【确定】按钮，如图 7-113 所示。

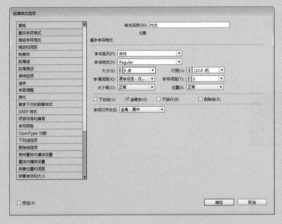

图 7-112　设置【基本字符格式】

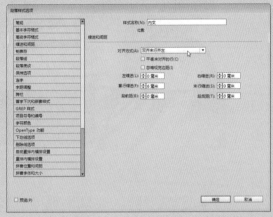

图 7-113　设置【缩进与间距】

58 使用【文本工具】，单击"页面 1"中的第一个串联文本框架，按 Ctrl+A 快捷键，在【段落样式】面板中单击【内文】选项，给正文内容应用样式，如图 7-114、图 7-115 所示。

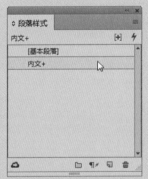

图 7-114　【段落样式】面板

图 7-115　应用正文样式

59 选择【文字工具】，单击"页面 2"下方矩形框架，将光标定位于第一个字符之前，拖动鼠标，选择框架内文字，设置字体颜色为白色，如图 7-116 所示。

60 选择【矩形工具】，在"页面 1"下方绘制矩形，设置【填色】为黑色，【描边】为无，使其与"页面 1"底对齐、水平居中对齐，如图 7-117 所示。

图 7-116　设置字体颜色

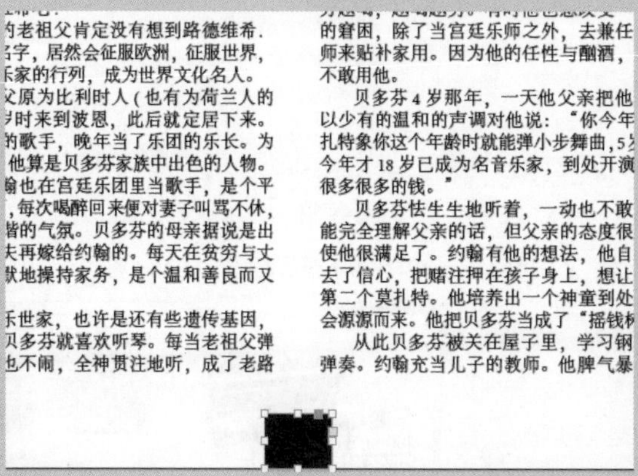

没有伙伴，没有童年的欢乐，他是孤独的。他时常偷偷地站在小阁楼的窗前，愿看街上的行人，小朋友们在追逐戏嬉，小贝多芬多想跟他们一样无拘无束地玩啊，跳啊。环境使他过早地成熟，一个 10 岁的孩子，坐在莱茵河边，对着缓缓北去的河水，想着，想着……在沉思中他忘了一切，精神忧愁，长大以后，这种沉思竟成了习惯。一

图 7-117　绘制矩形

61 选择【文本工具】，在"页面 1"下方绘制文本框架，输入页码"1"，并使其与下方黑色矩形水平居中对齐、垂直居中对齐，如图 7-118 所示。

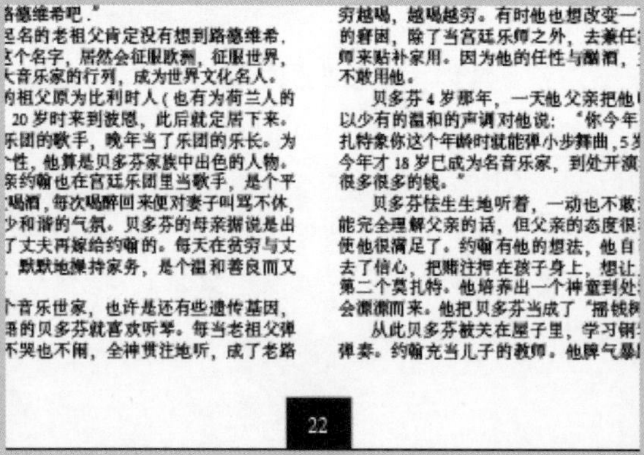

22

图 7-118　输入页码

62 使用【选择工具】，绘制选择区域，选择页码与下方的褐色矩形，复制粘贴至"页面 2"下方，使其与页面水平居中对齐，如图 7-119 所示。

图 7-119　设置对齐方式

63 使用【文字工具】，修改"页面 2"下方的页码"2"，对齐效果如图 7-120 所示。

图 7-120　设置对齐效果

强化训练

项目名称　彩色书籍内页排版

项目需求

受某出版社特委托为其排版一本名为《与艺术家们一起看世界》的彩色书籍内页，书籍尺寸为 185mm×260mm，要求正文排版按统一格式进行，处理好标题与正文之间的关系，版面主次分明、协调、美观、易读性好。

项目分析

布置页面版式，创建标题的字符样式、内文的段落样式等，再快速、准确、规范地排版图与文，做好提前规划与充足的准备才能排版出优秀的作品。

项目效果

项目效果如图 7-121 所示。

图 7-121　彩色书籍内页排版

操作提示

01 使用框架将内页版式规划完整。

02 按需要在其中置入相应内容，方便快捷。

版面管理是排版工作中最基本的技能，单独的文档排版并没有对于版面管理的要求。但是如果编辑多文档画册或书籍，版面管理工作则是非常有必要的。InDesign CC 提供的版面管理功能，可以方便地为用户提供多文档或书籍的整体规划与统一整合，进而提高工作效率。

■ 学习目标

√ 掌握编辑页面或跨页
√ 掌握创建与应用主页
√ 掌握版面的设置
√ 掌握目录的创建

◎宣传册目录制作过程

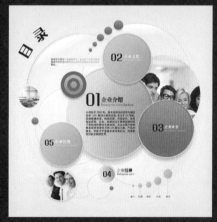

◎宣传页目录制作效果

8.1　页面和跨页

在 InDesign CC 中，页面是指单独的页面，是文档的基本组成部分，跨页是一组可同时显示的页面，例如在打开书籍或杂志时可以同时看到的两个页面。可以使用【页面】面板、页面导航栏或页面操作命令对页面进行操作，其中【页面】面板是页面的重要操作方式。

■ 8.1.1　【文档设置】对话框

页面设计可以从创建文档开始，设置页面、边距和分栏，或更改版面网格设置并指定出血和辅助信息区域。要对当前编辑的文档重新进行页面设置，执行【文件】|【文档设置】命令，打开如图 8-1 所示的【文档设置】对话框。

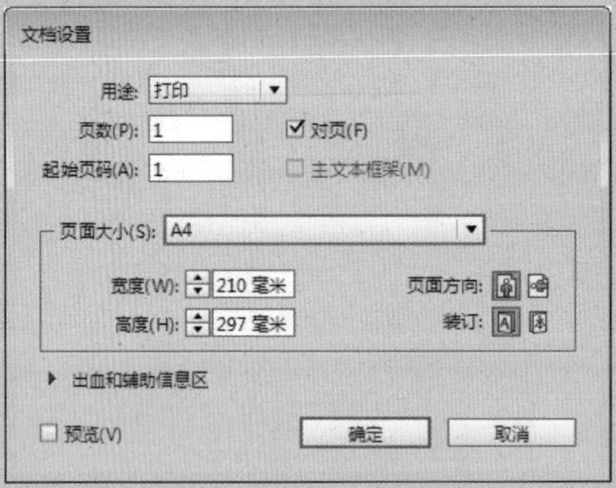

图 8-1　【文档设置】对话框

在【页数】文本框中可以设置文档的页数；若勾选【对页】复选框，将产生跨页的左右页面，否则将产生独立的每个页面；若选取【主文本框架】复选框，将创建一个与边距参考线内的区域大小统一的文本框架，并与所指定的栏设置相匹配，该主页文本框架即被添加到主页中。

在【页面大小】选项区域中的【页面大小】下拉列表中选择一种页面大小，在【宽度】与【高度】文本框中输入数值可以改变其宽度与高度。

若单击 按钮将设置页面方向为纵向；若单击 按钮将设置页面方向为横向；若单击 按钮将设置装订方式为从左到右；若单击 按钮将设置装订方式为从右到左。

■ 8.1.2　编辑页面或跨页

编辑页面或跨页在版面管理中是最基本也是最重要的一部分。在 Indesign 中有多种编辑页面或跨页的方式，下面将逐一进行介绍。

1．选择、定位页面或跨页

　　选择、定位页面或跨页可以方便地对页面或跨页进行操作，还可以对页面或跨页中的对象进行编辑操作。

　　若要选择页面，则可在【页面】面板中单击某一页面，然后按住 Shift 键不放。

　　若要选择跨页，则可在【页面】面板中，单击跨页下的页码，按住 Shift 键不放。

　　若要定位页面所在视图，则可在【页面】面板中双击某一页面。

　　若要定位跨页所在视图，则可在【页面】面板中双击跨页下的页码。

2．创建多页面的跨页

　　要是用户同时看到两个以上页面，可以通过创建多页跨页，将其添加页面来创建折叠插页或可折叠拉页。要创建多页跨页，可以单击【页面】面板右上方的 ▾≡ 按钮，在打开的快捷菜单中选择【合并跨页】命令，然后将所需要的页面拖曳到该跨页中即可。

3．插入页面或跨页

　　要插入新页面，可以先选中要插入页面的位置，单击【新建页面】▣按钮，新建页面将与活动页面使用相同的主页。

4．移动页面或跨页

　　在【页面】面板中将选中的页面或跨页图标拖到所需位置。在拖曳时，竖条将指示释放该图标时页面显示的位置。若黑色的矩形或竖条接触到跨页，页面将扩展该跨页，否则文档页面将重新分布，如图8-2所示。

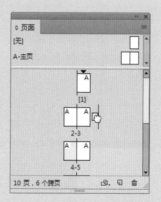

图8-2　【页面】面板

5．排列页面或跨页

　　执行【版面】|【页面】|【移动页面】命令，打开如图8-3所示的【移动页面】对话框，在【移动页面】文本框中显示选取的页面或跨页，

在【目标】文本下拉列表中选择要移动的页面或位置并根据需要指定页面。

图 8-3 【移动页面】对话框

6. 复制页面或跨页

要复制页面或跨页，可以执行下列操作之一。

（1）选择要复制的页面或跨页，将其拖曳到【新建页面】按钮上，新建页面或跨页将显示在文档的末尾。

（2）选择要复制的页面或跨页，单击【页面】面板右上方的按钮，在弹出的快捷菜单中选择【复制页面】或【直接复制跨页】命令，新建页面或跨页将显示在文档的末尾。

（3）按住 Alt 键不放，并将页面图标或跨页下的页面范围号码拖动到新位置。

7. 删除页面或跨页

删除页面或跨页有以下 3 种方法：

（1）选择要删除的页面或跨页，单击【删除页面】按钮。

（2）选择要删除的页面或跨页，将其拖曳到【删除页面】按钮上。

（3）选择要删除的页面或跨页，单击【页面】面板右上方的按钮，在打开的快捷菜单中选择【删除页面】或【删除跨页】命令。

8.2 主页

使用主页可以作为文档背景，并将相同内容快速应用到许多页面中。主页中的文本或图形对象，例如，页码、标题、页脚等，将显示在应用该主页的所有页面上。对主页进行的更改将自动应用到关联的页面。主页还可以包含空的文本框架或图形框架，以作为页面上的占位符。与页面相同，主页可以具有多个图层，主页图层中的对象将显示在文档页面的同一图层对象的后面。

■ 8.2.1 创建主页

新建文档时，在【页面】面板的上方将出现两个默认主页，一个是名为"无"的空白主页，应用此主页的工作页面将不含有任何主页元素；另一个是名为"A-主页"的主页，该主页可以根据需要对其作出更改，其页面上的内容将自动出现在各个工作页面上。

要创建主页，单击【页面】面板右上方的 ▾☰ 按钮，在弹出的快捷菜单中选择【新建主页】命令，打开如图8-4所示的【新建主页】对话框。

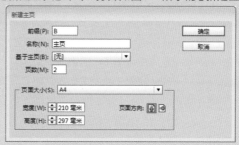

图 8-4　【新建主页】对话框

其中各选项说明如下。

- 前缀：文本框默认的前缀为 B，可以输入一个前缀以标识主页，最多可以输入四个字符。
- 名称：文本框默认的名称为"主页"，可以输入主页的代码。
- 基于主页：在【基于主页】下拉列表中可以选择已有主页作为基础主页；若选择【无】选项，将不基于任何主页。
- 页数：文本框默认的页数为 2，可以输入一个值以作为主页跨页中要包含的页数，最多为 10。

8.2.2　应用主页

用户可以根据需要随时编辑主页的版面，所做的更改将自动反映到应用该主页的所有页面中。

在【页面】面板中，双击要编辑的主页图标，主页跨页将显示在文档编辑窗口中，可以对主页进行更改，如创建或编辑主页元素（如文字、图形、图像、参考线等），更改主页的名称、前缀，将主页基于另一个主页或更改主页跨页中的页数等。

8.2.3　覆盖或分离主页对象

将主页应用于页面时，主页上的所有对象均显示在文档页面上。要重新定义某些主页对象及其属性，可以使用覆盖或分离主页对象。

1. 覆盖主页对象

可以有选择地覆盖主页对象的一个或多个属性，以便对其进行自定义，而无须断开其与主页的关联。其他没有覆盖的属性，如颜色或大小等，将继续随主页更新。可以覆盖的主页对象属性包括描边、填色、框架的内容与相关变换。

操作技巧

基于主页的页面图标将标有基础主页的前缀，基础主页的任何内容发生变化都将直接影响所有基于该主页所创建的主页。

操作技巧

若覆盖了特定页面中的主页项目，则可以重新应用该主页。

若要覆盖页面或跨页中的主页对象，则可以按 Ctrl+Shift 快捷键，并选择跨页上的任何主页对象。然后根据需要编辑对象属性，但该对象仍将保留与主页的关联。

若要覆盖所有的主页项目，可以单击【页面】面板右上方的 ▾☰ 按钮，在弹出的快捷菜单中选择【覆盖全部主页项目】命令，这样就可根据需要选择和更改全部主页项目。

在页面中，可以将主页对象从其主页中分离，执行该操作时，该对象将被复制到页面中，其与主页的关联将断开，分离的对象将不随主页更新。

若要将页面中单个主页对象从其主页分离，则可以按 Ctrl+Shift 快捷键并选择跨页上的任何主页对象，单击【页面】面板右上方的 ▾☰ 按钮，在打开的快捷菜单中选择【从主页分离选区】命令。

若要分离跨页中的所有已被覆盖的主页对象，则可以单击【页面】面板右上方的 ▾☰ 按钮，在打开的快捷菜单中选择【从主页分离选区】命令。

操作技巧

使用【从主页分离选区】命令将分离跨页上所有已被覆盖的主页对象，而不是全部主页对象。若要分离跨页上的所有主页对象，应首先覆盖所有主页项目。

■ 8.2.4　重新应用主页对象

若分离了主页对象，将无法恢复它们为主页，但是可以删除分离对象，然后将主页重新应用到该页面。

若已经覆盖了主页对象，则可以对其进行恢复以与主页匹配。执行该操作时，对象的属性将恢复为其在对应主页上的状态，而且编辑主页时，对象将再次更新。可以移去跨页上的选定对象或全部对象的覆盖，但是不能一次为整个文档执行该操作。

要对已经覆盖了主页对象重新应用主页对象，可以执行下列操作之一。

（1）要从一个或多个对象移去主页覆盖，可以在跨页中选择覆盖的主页对象，单击【页面】面板右上方的 ▾☰ 按钮，在弹出的快捷菜单中选择【移去选中的本地覆盖】命令。

（2）要从跨页中移去所有主页覆盖，单击【页面】面板右上方的 ▾☰ 按钮，在弹出的快捷菜单中选择【移去选中的本地覆盖】命令。

8.3　设置版面

在 InDesign CC 中，框架是容纳文本、图片等对象的容器，框架也可以作为占位符，即不包含任何内容的容器。作为容器或占位符时，框架是版面的基本构造块，也是设置版面的重要元素。

■ 8.3.1　使用占位符设计版面

在 InDesign CC 中，将文本或图形添加到文档，系统将会自动创建框架，用户可以在添加文本或图形前使用框架作为占位符，以进行版面的初步设计。InDesign CC 中的占位符类型包括文本框架占位符与图形框架占位符。

使用【文字工具】可以创建文本框架，使用【绘制工具】可以创建图形框架。将空文本框架串接到一起，只需一个步骤就可以完成最终文本的导入。也可以使用【绘制工具】绘制空形状，在做好准备后，为文本或图形重新定义占位符框架。

8.3.2　版面自动调整

InDesign CC 的版面自动调整功能非常出色，用户可以随意更改页面大小、方向、边距或栏的版面设置。若启用版面调整，将按照设置逻辑规则自动调整版面中的框架、文字、图片、参考线等。

要启用版面自动调整，执行【版面】|【自适应版面】命令，打开【自适应版面】面板，如图 8-5 所示。单击【自适应版面】面板右上方的 ▼≡ 按钮，在弹出的快捷菜单中选择【版面调整】命令，打开【版面调整】对话框从中进行选择，单击【确定】按钮即可，如图 8-6 所示。

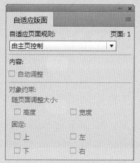

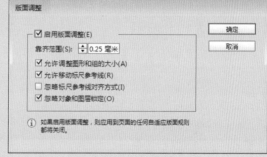

图 8-5　【自适应版面】面板　　　　　　图 8-6　【版面调整】对话框

【版面调整】对话框中各选项的应用含义介绍如下。

若勾选【启用版面调整】复选框，将启用版面调整，则每次更改页面大小、页面方向、边距或分栏时都将进行版面自动调整。

在【靠齐范围】文本框中设置要使对象在版面调整过程中靠齐最近的边距参考线、栏参考线或页面边缘，以及该对象需要与其保持多近的距离。

若勾选【允许调整图形和组的大小】复选框，则在版面调整时将允许缩放图形、框架与组；否则只可移动图形与组，但不能调整其大小。

若勾选【允许移动标尺参考线】复选框，则在版面调整时将允许调整参考线的位置。

若勾选【忽略标尺参考线对齐方式】复选框，则将忽略标尺参考线对齐方式。若参考线不合适版面时，则可勾选此复选框。

若勾选【忽略对象和图层锁定】复选框，则在版面调整时将忽略对象和图层锁定。

8.4 编排页码

对图书而言，页码是相当重要的，在以后的目录编排中也要用到页码，下面介绍一下在出版物中如何添加和管理页码。

■ 8.4.1 添加页码和章节编号

对于页码的编号，在文档中能制定不同页面的页码，如一本书的目录部分可能使用罗马数字作为页码的编号，正文用阿拉伯数字编号，它们的页码都是从 1 开始的，InDesign CC 可以提供多种编号在同一个文档中，在【页面】面板中选中要更改页码的页面，在弹出的菜单中选择【页码和章节选项】命令，弹出【页码和章节选项】对话框，如图 8-7 所示。

图 8-7 【页码和章节选项】对话框

选择【开始新章节】选项，其下面的几个选项才变为可选状态。

- 自动编排页码：当选中此选项时，如果在此部分之前增加或减少页面，则这个部分的页数将自动地按照前面的页码自动更新。
- 起始页码：当选中此选项时，则本章节的后续各页将按此页码编排，直到遇到另一个章节页码编排标识，在这里应输入一个具体的阿拉伯数字。
- 章节前缀：在此选项右侧输入框可输入此章节页码的前缀，这个前缀将出现在文件视窗左下角的快速页面导航器中，并且将会出现在目录中。
- 样式：通过此选项可以选择页码的编排样式，它是一个下拉列表，可以选择 3 位或 4 位数的阿拉伯数字、大小写罗马字符、大小写英文字母等样式，如果使用的是支持中文排版的版本，还有大写中文页码等选项。

● 章节标志符：可以在此选项处输入章节的标记文字，在以后的编辑中可以通过执行【文字】|【插入特殊字符】|【插入章节标记】命令来插入此处输入的标记文字。

8.4.2 对页面和章节重新编号

默认情况下，书籍或文档中的页码是连续编号的，但也可以按指定的页码重新开始编号、更改编号样式，向页码中添加前缀和章节标志符文本。操作步骤基本和上一节相同。

8.5 处理长文档

InDesign CC 中，可以使用书籍、目录、索引、脚注和数据合并等组织长文档。可以将相关的文档分组到一个书籍文件中，以便可以按顺序给页面和章节编号，还可以共享样式、色板和主页以及打印或导出文档组。既能制作杂志、报纸和说明书，也可以排版，包括目录、索引的书和字典等长文档。

8.5.1 创建书籍

执行【文件】|【新建】|【书籍】命令，打开如图 8-8 所示的【新建书籍】对话框，设置创建书籍的位置，在【文件名】列表框中输入书籍的名称，单击【保存】按钮，将创建书籍。此时，【书籍】面板将显示在界面中，新建书籍出现在【书籍1】面板中，如图 8-9 所示。

图 8-8 【新建书籍】对话框

图 8-9 【书籍1】面板

8.5.2 创建目录

目录为用户提供了章、节的位置。在 InDesign CC 中，使用目录生成功能可以自动列出书籍、杂志或其他文档的标题列表、插入列表、表列表、参考书目等。每个目录都由标题与条目列表组成，包含页码的条目可直接从文档内容中提取，并可以随时更新，还可以跨越书籍中的多个文档进行操作。

创建目录需要三个步骤，首先，创建并应用要用作目录基础的段落样式；其次，指定要在目录中使用哪些样式以及如何设置目录样式；最后，将目录排入文档中。

下面将对设置目录样式的操作进行介绍。

01 执行【版面】|【目录样式】命令，打开如图 8-10 所示的【目录样式】对话框。

02 单击【新建】按钮，打开【新建目录样式】对话框，如图 8-11所示。在【目录样式】文本框中输入正在创建的目录样式的名称。在【标题】文本框中输入目录标题，在【样式】下拉列表中选择一种标题样式。

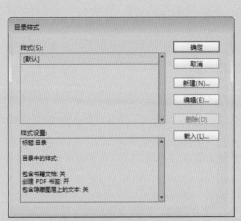

图 8-10 【目录样式】对话框   图 8-11 【新建目录样式】对话框

03 在【目录中的样式】选项区域中的【其他样式】下拉列表中，选择当前目录所要包含的段落样式，单击【添加】按钮，可将其添加到【包含段落样式】列表框中；也可以在【包含段落样式】列表框中选择要移去的段落样式，单击【移去】按钮。

04 在【包含段落样式】列表框中将以缩进显示其级别，选择段落样式，再在【条目样式】下拉列表框中选择一种条目样式。

05 设置完成后单击【确定】按钮，创建目录样式，返回【目录样式】对话框。在【样式】下拉列表中选择要编辑的目录样式，单击【新建】按钮，打开【编辑目录样式】对话框。

06 与【新建目录样式】对话框设置相同，可编辑目录样式。单击【确定】按钮，编辑好目录样式，返回【目录样式】对话框。

> **操作技巧**
>
> 若勾选【创建 PDF 书签】复选框，则将目录条目包含在【书签】面板中。若勾选【包含书籍文档】复选框，则为书籍列表中的所有文档创建目录，并重编该书的页码，否则将只为当前文档生成目录。

07 若单击【载入】按钮，打开【打开文件】对话框，选择要载入目录样式的文件，单击【打开】按钮，将从其他文件载入目录样式。

08 在【样式】下拉列表中，选择要删除的目录样式，单击【移去】按钮，可从列表框中删除目录样式。

8.6 课堂练习——制作宣传册目录

　　宣传册包含的内容非常广泛，对比一般的书籍来说，设计风格比其更具多样化，文字、图形、颜色都更能引起读者注意，并能使读者瞬间理解与接收它所传达的信息，宣传册设计讲求一种整体感，对设计者而言，尤其需要具备一种把握力。

　　下面介绍制作宣传册目录的具体操作步骤。

01 启动 InDesign CC 2017，在开始界面中单击【新建】按钮，打开【新建文档】对话框，设置【页数】为 1，在【页面大小】选项组中，设置【宽度】为 200mm，【长度】为 200mm，如图 8-12 所示。

02 单击右下角的【边距和分栏】按钮，打开【新建边距和分栏】对话框，设置【边距】各为 3mm，单击【确定】按钮，如图 8-13 所示。

图 8-12　【新建文档】对话框　　　　图 8-13　【新建边距和分栏】对话框

03 选择【矩形工具】绘制与页面相同大小的矩形，单击工具栏中的【填色】，选择下方的【应用渐变】并双击，打开【渐变】面板，设置渐变参数，如图 8-14 所示。

04 填充渐变颜色，按 Ctrl+L 快捷键将其锁定，效果如图 8-15 所示。

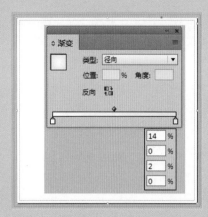

图 8-14 绘制矩形　　　　　　　　　　　　图 8-15 渐变效果

05 选择工具栏中的【椭圆工具】，单击工具栏下方的【填色】，双击【应用渐变】，在打开的【渐变】面板中设置【描边】等参数，如图 8-16 所示。

06 按 Shift 键绘制正圆，在控制栏中设置其宽度与高度，并调整其至合适位置，如图 8-17 所示。

图 8-16 设置渐变　　　　　　　　　　　　图 8-17 绘制正圆

07 右击鼠标，在弹出的快捷菜单中，执行【效果】|【透明度】命令，在打开的【效果】对话框中设置参数，如图 8-18、图 8-19 所示。

图 8-18 【效果】对话框　　　　　　　　　　图 8-19 应用效果

08 执行【窗口】|【图层】命令，在打开的【图层】面板中选中"圆形"图层的同时，拖动鼠标，将"圆形"图层拖至【图层】面板右下角处的新建按钮上，松开鼠标复制图层，如图 8-20 所示。

09 选中上方"圆形"图层，单击鼠标，修改图层名称为"圆形边框"，如图 8-21 所示。

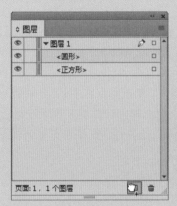

图 8-20　复制图层　　　　　　　　　图 8-21　修改图层名称

10 使用【选择工具】，选择"圆形边框"图层，右击鼠标，执行【效果】|【透明度】命令，在打开的【效果】对话框中设置【模式】为正常，如图 8-22 所示。

11 设置其【填色】为无，【描边】为灰色（C：40，M：28，Y：26，K：0），如图 8-23 所示。

图 8-22　【效果】对话框　　　　　　　图 8-23　设置描边

12 按 Alt 键，复制其至合适位置并在控制栏中调整其旋转角度（5.25º），如图 8-24 所示。

13 使用同样的方法复制 5 个相同的圆形与圆形框，缩放其大小并调整其至合适位置，如图 8-25 所示。

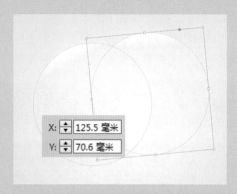

图 8-24 旋转角度

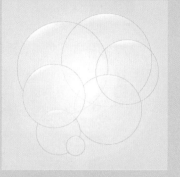

图 8-25 复制图形

14 按 Shift 键，在【图层】面板中，单击图层右侧【单击可选项目】
按钮□，选中所有的"圆形边框"图层，如图 8-26 所示。

15 按 Ctrl+Shift+] 快捷键，将所有圆形边框，调整至图层最上方，
如图 8-27 所示。

操作技巧

此处制作完成将其
编组并锁定，方便之后
的操作。

图 8-26 选中图层

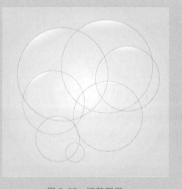

图 8-27 调整图层

16 选择【椭圆工具】，绘制一个宽度为 95mm、高度为 95mm
的正圆，调整其至合适位置，并设置其【填色】为渐变，【描边】
为无，如图 8-28、图 8-29 所示。

图 8-28 设置渐变

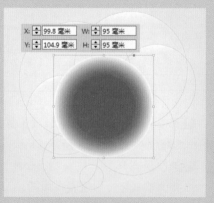

图 8-29 绘制正圆

17 右击鼠标，执行【效果】|【透明度】命令，在打开的【效果】对话框中，设置其参数，如图 8-30 所示。

18 右击鼠标，执行【效果】|【基本羽化】命令，在打开的【效果】对话框中，设置其参数，如图 8-31 所示。

图 8-30　设置【透明度】

图 8-31　设置【基本羽化】

19 选择【椭圆工具】，绘制一个宽度为 87mm、高度为 87mm 的正圆，调整其至合适位置，并设置其【填色】为渐变，【描边】为灰色（C：0，M：0，Y：0，K：10），【描边】大小为 1.5，如图 8-32、图 8-33 所示。

图 8-32　设置渐变

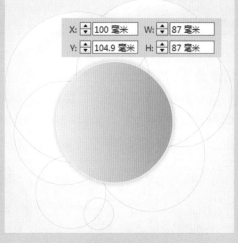

图 8-33　应用渐变及描边

20 选择【椭圆工具】，绘制一个宽度为 79mm、高度为 79mm 的正圆，调整其至合适位置，并设置其【填色】为渐变，【描边】为无，如图 8-34、图 8-35 所示。

21 右击鼠标，执行【效果】|【透明度】命令，在【效果】对话框中设置其参数，如图 8-36、图 8-37 所示。

图 8-34　设置【渐变】

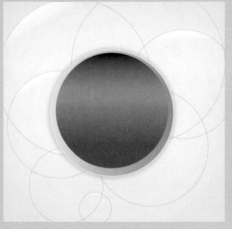

图 8-35　应用渐变

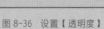

图 8-36　设置【透明度】

图 8-37　应用效果

22 使用【选择工具】绘制选择区域，按 Ctrl+G 快捷键将选中
的图形编组，使用相同方法绘制其他颜色的图形，如图 8-38、
图 8-39 所示。

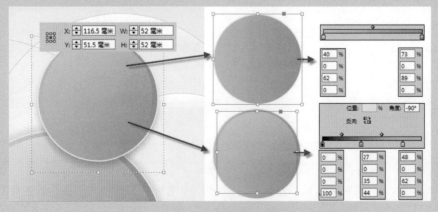

图 8-38　绘制绿色图形

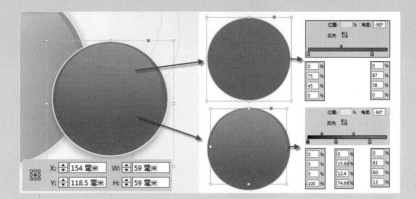

图 8-39 绘制红色图形

23 按 Ctrl+C 快捷键复制，按 Ctrl+V 快捷键粘贴，将图形复制，改变其大小并调整其至合适位置，如图 8-40 所示。

24 继续使用相同方法，绘制相同阴影与正圆形，宽度与高度设置为 25mm，设置上方圆形颜色为红色（C：0，M：100，Y：58，K：0），移动其至合适位置，如图 8-41 所示。

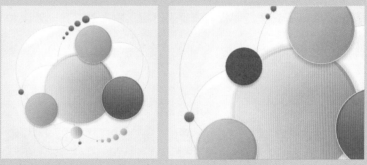

图 8-40　复制图形并调整　　　　　　　图 8-41　绘制正圆

25 再次使用【椭圆工具】，从大到小依次绘制 3 个正圆形，并设置对齐方式为【水平居中对齐】与【垂直居中对齐】，如图 8-42 所示。

26 继续使用相同方法，在最上方绘制正圆，设置【填色】为渐变，如图 8-43 所示。

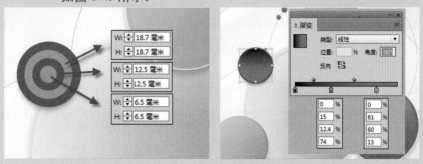

图 8-42　绘制正圆　　　　　　　　　图 8-43　设置【渐变】

27 右击鼠标，执行【效果】|【透明度】命令，在【效果】对话框中设置【模式】为柔光，如图 8-44 所示。选中所有可选中图层，按 Ctrl+G 快捷键将其编组，如图 8-45 所示。

图 8-44 设置【透明度】   图 8-45 编组

28 选择【椭圆框架工具】，按 Alt 键绘制正圆，执行【文件】|【置入】命令，置入素材文件"图片 1.jpg"，调整其大小与位置，设置为【高品质显示】，如图 8-46 所示。

29 按 Shift+[快捷键，将其调整至"组"图层的下方，效果如图 8-47 所示。

图 8-46 置入素材   图 8-47 调整图层

30 使用同样方法分别置入"图片 2.jpg""图片 3.jpg"，调整其大小与位置，如图 8-48 所示。

31 在控制栏中，设置下方图片框架的描边颜色为白色，描边大小为点，绘制与前面相同的渐变阴影，调整至"图片 2"的下方，如图 8-49 所示。

32 选择工具栏中的【钢笔工具】，在页面左上角绘制弧形路径，在工具栏中选择【路径文字工具】，输入文字内容，在控制栏中设置其字体、字号，如图 8-50 所示。

33 在【图层】面板中，找到下方"圆形框架"的组，对其进行解锁，如图 8-51 所示。

图 8-48　置入素材　　　　　　　　　　图 8-49　设置描边

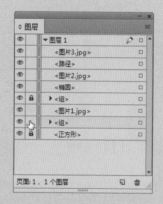

图 8-50　输入文本　　　　　　　　　　图 8-51　解锁编组

34 使用【路径文字工具】，在下方的圆形路径输入一段符号"-"，按 Ctrl+A 快捷键全选内容，在控制栏中设置字体大小，设置颜色为渐变，如图 8-52 所示。

35 选择【文字工具】，绘制文本框架，输入文字内容，在控制栏中设置字体、字号，如图 8-53 所示。

图 8-52　输入符号　　　　　　　　　　图 8-53　设置字体、字号

36 继续在右侧绘制文本框架输入标题内容，设置字体颜色为渐变，如图 8-54 所示。设置字体及字号，如图 8-55 所示。

图 8-54　设置字体颜色

图 8-55　设置字体、字号

37 在标题下方绘制文本框架输入英文标题"Enterprise introduction"，设置字体颜色为渐变，设置字体及字号，如图 8-56 所示。

38 在下方绘制文本框架，执行【文件】|【置入】命令，置入素材文件"企业介绍.txt"，设置字体、字号，如图 8-57 所示。

图 8-56　输入文本内容　　　　　　　图 8-57　置入素材

39 使用其他方法添加目录标题的其他信息，注意调整文字大小、字体颜色，如图 8-58 所示。

40 选择【矩形工具】，在页面左上角段落文字上方绘制矩形，设置【填色】为浅蓝（C：9，M：0，Y：2，K：0），【描边】为无，如图 8-59 所示。

图 8-58　调整字号、颜色

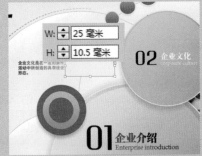

图 8-59　绘制矩形

41 在【图层】面板中，将矩形移动至段落文字的下方，并调整其位置，如图 8-60 所示。

42 选择【直线工具】，在页面右下角按 Shift 键的同时拖动鼠标，绘制长度为 9.4mm 的直线，设置描边大小为 0.283mm，描边颜色为灰色（C：0，M：0，Y：0，K：52），如图 8-61 所示。

图 8-60　调整图层　　　　　　　　　图 8-61　绘制直线

43 按 Alt+Shift 快捷键，将其水平复制至右侧，再次重复此操作 3 次，并调整其高度，如图 8-62 所示。

44 使用【选择工具】，选择 5 条直线，按 Ctrl+Shift+[快捷键，将其移动至最底层，再次按 Ctrl+Shift+] 快捷键，使其上移一层，如图 8-63 所示。

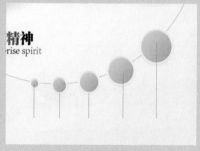 

图 8-62　复制直线　　　　　　　　　图 8-63　调整图层

45 使用【文字工具】，在直线下方绘制矩形框架，输入内容为"奋斗""激情""创新""高效""务实"，并设置字体颜色为渐变，在【字符】面板中设置器字体、字号，如图 8-64 所示。

46 宣传册目录的最终效果如图 8-65 所示。

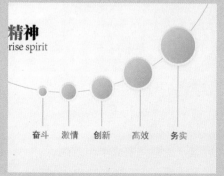 

图 8-64　设置字体、字号　　　　　　图 8-65　宣传册目录的最终效果

强化训练

项目名称　书籍目录的排版

项目需求

　　受某出版社委托为其排版一本名为《茶道》的彩色书籍，书籍尺寸为 210mm×297mm，要求展示茶道的传统文化气息，因本章所学为如何创建目录，特此展示本书的目录页。

项目分析

　　参照文档中的目录进行排版，目录页颜色使用浅褐色，接近茶色，也是制作与传统元素相关的作品时常用到的一种颜色，排版目录时需考虑段落间距、字间距、字体大小、阅读是否舒适、图片的明暗以及色调统一，以配合目录页的颜色。

项目效果

　　项目效果如图 8-66 所示。

图 8-66　《茶道》书籍目录

操作提示

01 使用素材图片制作目录页的背景，注意调整大小与效果。

02 使用段落文本框架置入目录进行排版。

本章概述 SUMMARY

封面设计主要分为两大类——书籍和杂志，其中以书籍的封面设计为多。世界各地每天都出版很多书籍，封面的表现对于书籍来说非常重要。本章将介绍书籍封面的制作过程。

■ 学习目标

✓ 掌握封面设计的重要要素
✓ 掌握利用文字工具制作条形码
✓ 掌握透明度效果的应用

◎图片排版

◎封面制作效果

9.1 设计分析

　　书籍是人类文明进步的阶梯，人类的智慧积淀、流传与延续，都是依靠书籍。书籍给人们带来知识与力量，因此书籍封面的设计尤为重要。书籍的封面能够体现书的内容、性质，同时给读者带来美的感受。书籍封面相当于书籍的门面，在当今琳琅满目的书海中，书籍的封面起到了无声销售员的作用。

　　封面，是指书刊外面的一层。有时特指印有书名、著者或编者、出版者名称等的第一面。在书籍中，点、线、面、色彩成为设计语言最基本的四大要素。像魔方一样，随着结构的变化，在整体中发挥各自的个性，创造出千变万化的样式，创意封面展示如图 9-1 所示。

图 9-1　书籍封面欣赏

9.2 设计过程

　　对于书籍封面设计的要求是非常严格的，它设计的好坏会直接影响着销量，很多企业都愿意花钱请资深的设计师来设计书籍封面。

■ 9.2.1　制作书籍封面正面

　　书籍封面的正面是要突出本书的特点，要让读者知道这本书的大体信息，是不是自己需要的书，哪个出版社，谁编辑的，这些都是需要在书籍正面展示的。

下面介绍制作书籍正面部分的具体操作步骤。

01 执行【文件】|【新建】|【文档】命令，打开【新建文档】对话框，在对话框中设置【页数】为1，【页面大小】为宽：430mm；高：297mm，设置【出血】为3mm，然后单击【边距和分栏】按钮，如图9-2所示。

02 在打开的【新建边距和分栏】对话框中，设置页面【边距】为3，设置完成之后单击【确定】按钮，如图9-3所示。

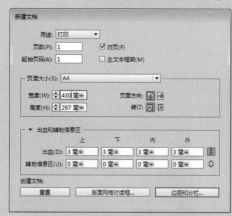 

图9-2　【新建文档】对话框　　　　　　　　图9-3　【新建边距和分栏】对话框

03 拉一条辅助线，把页面分为两部分，如图9-4所示。

04 选择工具箱中的【矩形框架工具】，绘制一个大小适中的框架，执行【文件】|【置入】命令，选择图像。执行【显示性能】|【高品质显示】命令，如图9-5所示。

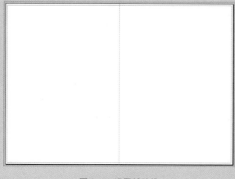 

图9-4　设置辅助线　　　　　　　　　　　图9-5　置入图片

05 选择工具箱中的【矩形工具】，绘制一个矩形，矩形的大小、颜色和位置如图9-6所示。

06 选中矩形，单击鼠标右键，在弹出的快捷菜单中执行【效果】|【透明度】命令，如图9-7所示。

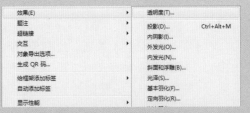

图 9-6 绘制矩形　　　　　　　　图 9-7 选择【透明度】命令

07 在打开的【效果】对话框中设置参数，如图 9-8 所示，透明度效果如图 9-9 所示。

图 9-8 设置透明度　　　　　　　图 9-9 透明度效果

08 选择工具箱中的【矩形工具】，绘制一个矩形，矩形的大小、颜色和位置如图 9-10 所示。

09 选择工具箱中的【矩形框架工具】，绘制一个大小适中的框架，执行【文件】|【置入】命令，选择图像。执行【显示性能】|【高品质显示】命令，如图 9-11 所示。

图 9-10 绘制矩形　　　　　　　图 9-11 置入图像

10 选择工具箱中的【矩形工具】，绘制一个矩形，矩形的大小、颜色和位置如图 9-12 所示。

11 选择工具箱中的【文字工具】，在封面上方输入文字，设置文字大小为 14，颜色为黑色，如图 9-13 所示。

图 9-12　绘制矩形　　　　　　　　　　　图 9-13　输入文字

12 选择工具箱中的【钢笔工具】，绘制一个图形，如图 9-14 所示。

13 图形的颜色和位置，如图 9-15 所示。

图 9-14　绘制多边形　　　　　　　　　　图 9-15　填充颜色

14 给刚刚绘制的图形制作一个翻页的效果，选择工具箱中的【钢笔工具】，绘制一个三角形，如图 9-16 所示。

15 给三角形设置透明度，如图 9-17 所示。

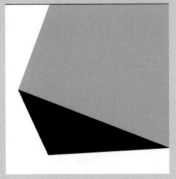

图 9-16　制作三角形　　　　　　　　　　图 9-17　设置透明度

⑯ 选择工具箱中的【文字工具】，输入文字，设置文字大小为 12，颜色为白色，如图 9-18 所示。

⑰ 选中刚刚输入的文字，给文字设置角度旋转和切变角度，如图 9-19 所示。

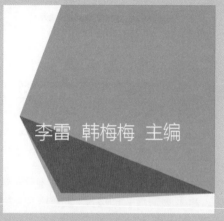
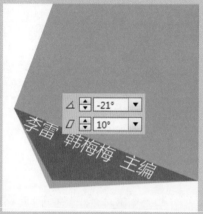

图 9-18　输入文字　　　　　　　　　图 9-19　设置文字倾斜度

⑱ 选择工具箱中的【文字工具】，输入文字，设置文字大小为 72，颜色为黑色，如图 9-20 所示。

⑲ 选择工具箱中的【文字工具】，输入拼音，设置文字大小为 48，颜色为黑色，如图 9-21 所示。

图 9-20　输入书名　　　　　　　　　图 9-21　输入书名拼音

⑳ 选择工具箱中的【矩形框架工具】，绘制一个大小适中的框架，执行【文件】|【置入】命令，选择图像。执行【显示性能】|【高品质显示】命令，如图 9-22 所示。书籍的正面效果如图 9-23 所示。

图 9-22　置入图片

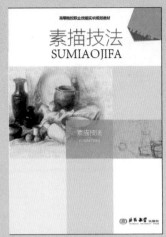

图 9-23　正面效果

■ 9.2.2　制作书籍封面背面

书籍背面的主要信息包括本书包含的附加信息、价格等，背面相对于正面更商业化，所有背面的一些重要元素也不能少的。

下面介绍制作书籍封面背面的具体操作步骤。

01 制作封面背面，选择工具箱中的【矩形工具】，绘制一个矩形，矩形的大小、颜色和位置如图 9-24 所示。执行【文件】|【置入】命令置入图像，如图 9-25 所示。

图 9-24　书籍背面背景

图 9-25　置入图片

02 在刚刚置入的图像右侧选择工具箱中的【矩形工具】，绘制一个矩形，矩形的大小、颜色和位置如图 9-26 所示。

03 选择工具箱中的【矩形工具】，绘制一个矩形，矩形的大小、颜色和位置，如图 9-27 所示。

04 再次绘制 3 个矩形，大小、位置和颜色如图 9-28 所示。

05 在背面的上部分选择工具箱中的【矩形工具】，绘制一个矩形，矩形的大小、颜色和位置，如图 9-29 所示。

图 9-26　绘制矩形（一）

图 9-27　绘制矩形（二）

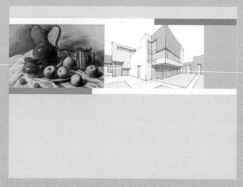

图 9-28　绘制矩形（三）

图 9-29　绘制矩形（四）

06 选择工具箱中的【文字工具】，输入文字，设置文字大小、颜色和位置，如图 9-30 所示。

07 选择工具箱中的【文字工具】，在书籍背面的下半部分输入文字，设置文字大小、颜色和位置，如图 9-31 所示。

图 9-30　输入文字

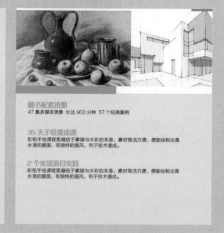

图 9-31　输入文字

08 选择工具箱中的【矩形工具】，绘制一个矩形，如图 9-32 所示。

09 选择工具箱中的【直线工具】，按住 Shift 键绘制一条直线，如图 9-33 所示。

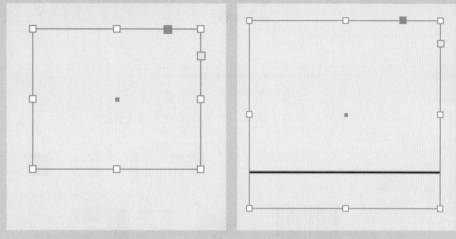

图 9-32　绘制矩形　　　　　　　　　　　图 9-33　绘制直线

10 用【选择工具】选中绘制的直线，复制粘贴直线，将复制的直线移动到绘制的直线上方，如图 9-34 所示。

11 使用【文字工具】在矩形的中间位置绘制一个文本框，在文本框中输入数字编码，如图 9-35 所示。

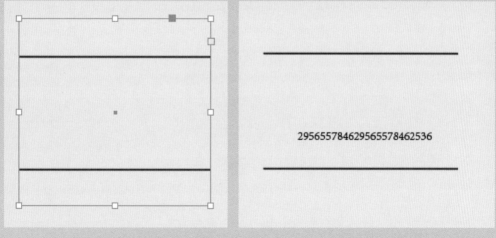

图 9-34　复制直线　　　　　　　　　　　图 9-35　输入数字

12 打开【字符】面板，在面板中对字体进行更改，将文字转换为条码效果，如图 9-36 所示，效果如图 9-37 所示。

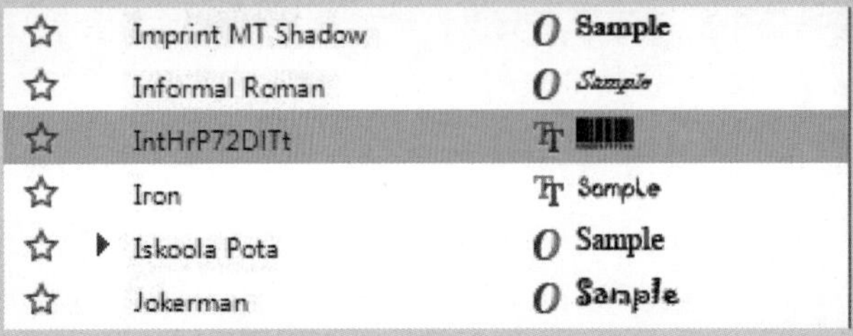

	Imprint MT Shadow	O	**Sample**
	Informal Roman	O	*Sample*
	IntHrP72DITt	Tt	
	Iron	Tt	Sample
▶	Iskoola Pota	O	Sample
	Jokerman	O	Sample

图 9-36　设置字体　　　　　　　　　　　　图 9-37　二维码效果

13 制作书的价格部分，输入文字，如图 9-38 所示。

14 制作书的书脊部分，选择工具箱中的【矩形工具】，在书脊上下各绘制一个矩形，设置其颜色，使用【文字工具】输入书籍信息，如图 9-39 所示。

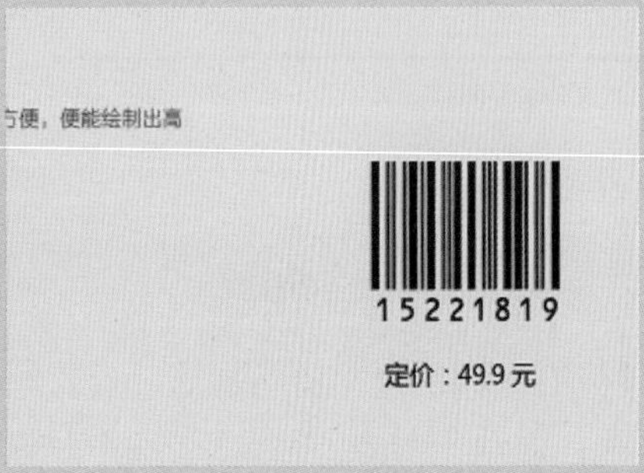

图 9-38　输入价格 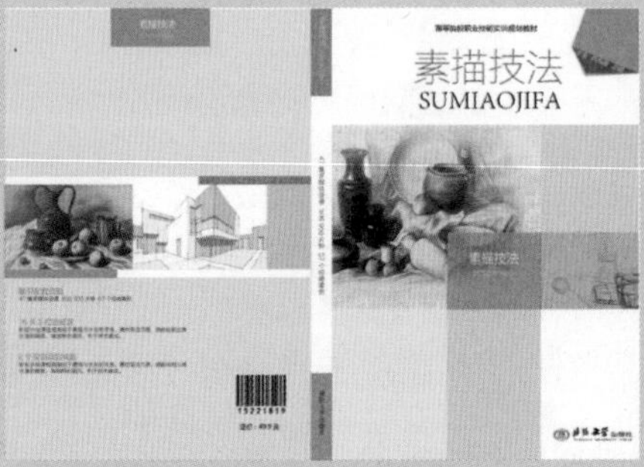　　　　　　　　　　　　图 9-39　书籍封面最终效果

CHAPTER 10

旅游杂志内页设计

本章概述 SUMMARY

一本杂志整体设计要简洁、明朗、大方、清新、空灵，有艺术化效果。
这不单单指的是杂志的外观，也包括了杂志的内页排版设计，只
有内外兼具，才会使杂志精彩纷呈，内容丰富。

■ 学习目标
√ 熟悉矢量图形的绘制方法
√ 掌握文字创意设计
√ 掌握文字转换路径
√ 熟练应用路径查找器

◎文字排版

◎旅游杂志内页制作效果

10.1　设计分析

　　杂志作为众多读物的引领者，它的时尚、美观、趣味是旁物所不能代替的。既然是美的事物，就该有美的展现。达·芬奇曾说过一句话："美感完全建立在各部分之间神圣的比例关系上。"杂志内页设计就是遵循形式美法则的典范，它体现出其各构成因素间和谐的比例关系。这个比例关系让它具备了对称的美观，就像是自然界中鸟虫的双翼双翅。这种美给人以稳定、沉静、端庄、大方的感觉，是一种秩序、理性、高贵、静穆的美。

　　杂志内页排版设计将点、线、面，黑、白、灰等元素梳理归纳为有序的状态，十分重视条理性。版面设计拒绝混乱、复杂的画面效果，追求条理性的秩序美。版面中适当的反复，能增加版面的韵律和节奏感。如版面正文应以排基本栏为主，变栏不宜过多，特别是同一块版面上不宜过多变栏，否则基本栏没有一定的重复，不仅变栏因没有映衬而失去强势作用，也会影响整版的和谐，如图 10-1 所示为杂志内页展示。

图 10-1　杂志内页展示

10.2　制作过程

　　一个高级的编辑和排版人员不仅要学会如何进行杂志内页排版，还要学会如何将版面排得美观、漂亮，要实现这个目标首先必须了解内页排版规则。

■ 10.2.1　制作内页背景图案

　　下面介绍制作内页背景图案的具体操作步骤。

01 启动 InDesign CC，在开始界面中单击【新建】按钮，打开【新建文档】对话框，设置【页数】为 2，在【页面大小】

选项组中，设置【宽度】为 160mm，【高度】为 220mm，如图 10-2 所示。

02 单击右下角的【边距和分栏】按钮，打开【新建边距和分栏】对话框，从中设置【边距】各为 3mm，单击【确定】按钮，如图 10-3 所示。

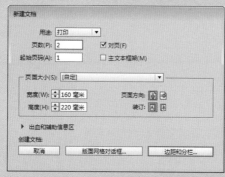
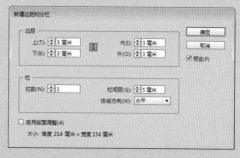

图 10-2 【新建文档】对话框　　　　　图 10-3 【新建边距和分栏】对话框

03 执行【窗口】|【页面】命令，在【页面】面板中，单击"页面 2"，如图 10-4 所示。

04 右击鼠标，在弹出的快捷菜单中，取消【允许文档页面随机排布】和【允许选定的跨页随机排布】两项的勾选状态，如图 10-5 所示。

图 10-4 【页面】面板　　　　图 10-5 取消选项

05 将"页面 2"拖曳至"页面 1"的左侧，效果如图 10-6、图 11-7 所示。

06 选择工具箱中的【矩形工具】，绘制与页面相同大小的矩形框架，设置【颜色】为灰色（C：0，M：0，Y：0，K：7），设置【填色】为无，如图 10-8 所示。

07 按 Ctrl+L 快捷键，将灰色矩形锁定，或在【图层】面板中，单击【切换页面项目锁定】🔒，锁定矩形，如图 10-9 所示。

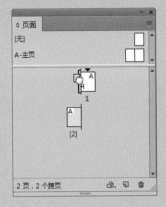

图 10-6 拖曳页面

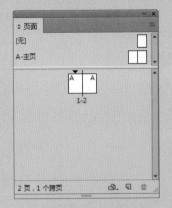

图 10-7 移动效果

图 10-8 绘制矩形

图 10-9 锁定图层

提示一下

　　绘制地图的方法很简单！注意配合执行【对象】|【路径查找器】|【减去】命令绘制。

08 使用【钢笔工具】，绘制地图，设置【颜色】为绿色（C：76，M：14，Y：46，K：0），【描边】为无，如图 10-10 所示。绘制完成效果如图 10-11 所示。

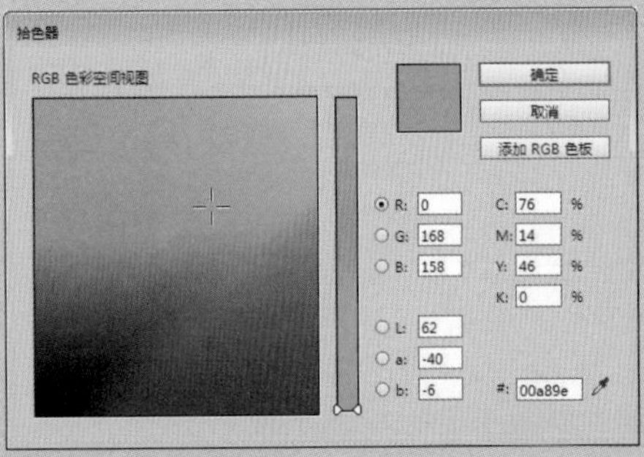

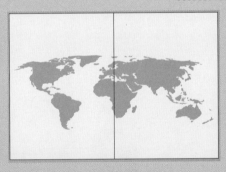

图 10-10　设置颜色

图 10-11　绘制完成效果

09 使用工具箱中的【选择工具】，绘制选择区域，选中所有路径，按 Ctrl+G 快捷键将其编组，如图 10-12 所示。

10 执行【窗口】|【图层】命令，在打开的【图层】面板中选中"组"图层，拖动其至【图层】面板右下角的【创建新图层】按钮上，松开鼠标，复制"组"，如图 10-13 所示。

图 10-12 编组

图 10-13 复制 "组"

⑪ 使用【选择工具】，移动至合适位置，并双击工具栏中的填色，在打开的【拾色器】面板中，设置颜色为浅蓝色（C：23，M：0，Y：2，K：0），如图 10-14、图 11-15 所示。

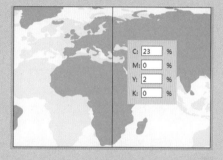

图 10-14 移动合适位置

图 10-15 设置颜色

⑫ 选择工具箱选中的【椭圆工具】，单击工作界面，在打开的【椭圆】对话框中设置【宽度】为 5.7mm，【高度】为 5.7mm，如图 10-16 所示。

⑬ 单击【确定】按钮，设置【填色】为黑色，【描边】为无，并移动其至合适位置，如图 10-17 所示。

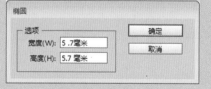

图 10-16 【椭圆】对话框

图 10-17 移动位置

⑭ 再次使用【椭圆工具】，单击工作界面，在打开的【椭圆】面板中设置【宽度】为 15.8mm，【高度】为 15.8mm，如图 10-18 所示。

⑮ 单击【确定】按钮，在控制栏中，设置其【填色】为无，【描边】为黑色，【描边类型】为点线，【描边粗细】为 1 点，如图 10-19 所示。

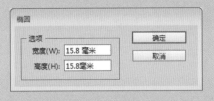

图 10-18 【椭圆】面板

图 10-19 设置描边

16 使用【选择工具】，按 Shift 键，加选黑色正圆，再次单击
黑色正圆，以黑色正圆为对齐方式，如图 10-20 所示。

17 执行【窗口】|【对象和版面】|【对齐】命令，设置【对齐方式】
为对齐选区，选择【水平居中对齐】|【垂直居中对齐】命令，
如图 10-21 所示。

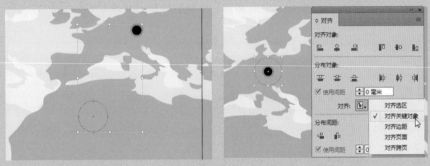

图 10-20 加选图形　　　　　　　　　图 10-21 设置对齐方式

18 右击鼠标，在弹出的快捷菜单中，选择【编组】命令，按
Ctrl+G 快捷键将其编组，如图 10-22、图 10-23 所示。

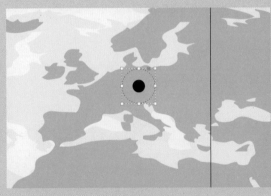

图 10-22 编组

图 10-23 【图层】面板

19 使用【选择工具】，选中【组】，按 Alt 键，复制【组】至
其合适位置，如图 10-24 所示。

20 将光标移动至四角的任意一个控制点处，当光标变为 45° 双
向箭头时，按 Shift 键拖动鼠标，在同一位置等比例缩放其大小，
如图 10-25 所示。

图 10-24 复制【组】

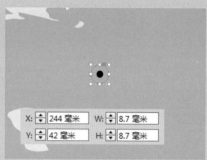

图 10-25 等比例缩放

21 使用同样方法，再次复制 4 个相同的组，移动其至合适位置并缩放大小，如图 10-26 所示。

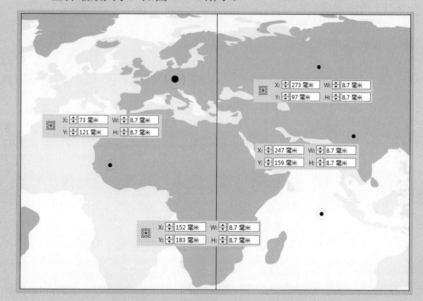

图 10-26 复制并缩放大小

22 选择【钢笔工具】，在控制栏中设置【描边】为白色，【描边大小】为 1 点，【描边类型】为虚线（4 和 4），以左上方正圆中心为起始锚点，单击鼠标，确定锚点，如图 10-27 所示。

23 在右侧圆心位置再次单击，拖动鼠标绘制弧形路径，如图 10-28 所示。

24 使用同样方法，绘制右上角正圆中心至其他 4 个正圆中心的路径，如图 10-29 所示。

25 在控制栏中设置【描边】为红色（C：15，M：100，Y：100，K：0），以右侧正圆中心为起始点，绘制其与下方 4 个正圆的弧形路径，如图 10-30 所示。

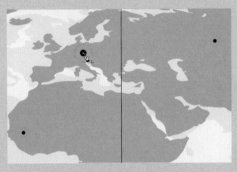

图 10-27 确定起始锚点

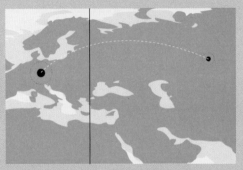

图 10-28 绘制路径

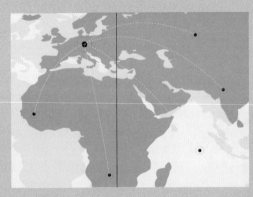

图 10-29 绘制白色路径

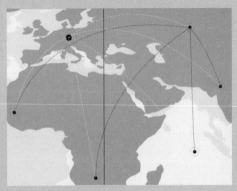

图 10-30 绘制红色路径

㉖ 在控制栏中设置【描边】为黄色（C：0，M：43，Y：100，K：0），以左侧下方的正圆中心为起始点，绘制弧形路径，如图 10-31 所示。

㉗ 使用【选择工具】绘制选择区域，将背景图形其全部选中，如图 10-32 所示。

提示一下

当圆心与圆心之间已有路径时，不需要绘制相同路径。

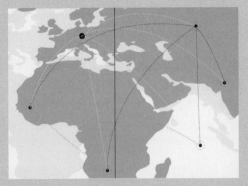

图 10-31 绘制黄色路径

图 10-32 选中路径及图形

㉘ 按 Ctrl+G 快捷键或右击鼠标，在弹出的快捷菜单中选择【编组】命令，将其全部编组，如图 10-33、图 10-34 所示。

图 10-33　选中的图层

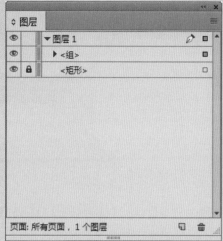

图 10-34　编组

29 在【图层】面板中选中【组】图层，单击【组】，出现文字编辑框，如图 10-35 所示。将【组】改为【背景】，再次单击面板空白处，确定修改，如图 10-36 所示。

图 10-35　文字编辑框

图 10-36　修改【组】名称

■ 10.2.2　排版内页标题与文字

内页中的标题与文字设计，主要使用文字工具对字体、字号进行设置，而字体变形需要执行【文字】|【创建轮廓】命令。

下面介绍排版内页标题与文字的具体操作步骤。

01 选择工具箱中的【文字工具】，在页面左上角绘制文本框架，输入文字内容为"旅游方式的多样化"，如图 10-37 所示。

02 按 Ctrl+A 快捷键，选中文本框架内全部文字，如图 10-38 所示。

图 10-37 输入文本内容

图 10-38 选中文字

03 执行【窗口】|【文字和表】|【字符】命令,在打开的【字符】
面板中设置其字体、字号,如图 10-39、图 10-40 所示。

图 10-39 设置字体、字号   图 10-40 文字效果

04 执行【文字】|【创建轮廓】命令,如图 10-41 所示。此时
文本框架发生变化,如图 10-42 所示。

图 10-41 选择【创建轮廓】命令   图 10-42 创建轮廓效果

执行【文字】|【创建轮廓】命令之后，文本框架内的文字将转化为路径。执行命令后【图层】面板中"字体"图层的变化对比，如图10-43、图10-44所示。

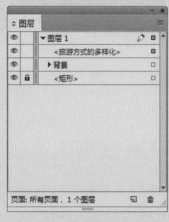

图10-43　创建轮廓前　　　　　　　图10-44　创建轮廓后

05 执行【窗口】|【图层命令】命令，在【图层】面板中，将"复合路径"图层，拖至【图层】面板底部右侧的【创建新图层】按钮上，如图10-45所示。

06 松开鼠标，即可复制"复合路径"图层，此时复制图层在原来"复合路径"图层的下方，如图10-46所示。

图10-45　选中图层　　　　　　　　图10-46　复制图层

07 在【图层】面板中，单击【切换可视性】按钮👁，将其隐藏，如图10-47所示。

08 选择【钢笔工具】，在"复合路径"图层的上方绘制一个闭合路径，设置【填色】为黑色，【描边】为无，如图10-48所示。

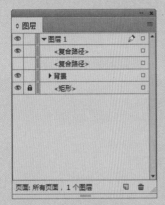

图 10-47　隐藏图层　　　　　　　　　　图 10-48　绘制图形

09 使用同样方法复制"多边形"图层,并隐藏下方"多边形"
图层,如图 10-49 所示。

10 选择【选择工具】,按 Shift 键选中未隐藏的"复合路径"
图层与"多边形"图层,如图 10-50 所示。

图 10-49　复制图形　　　　　　　　　　图 10-50　选中图形

11 执行【窗口】|【对象和版面】|【路径查找器】命令,打开
【路径查找器】面板,单击【交叉】按钮□,如图 10-51 所示,
效果如图 10-52 所示。

图 10-51　【路径查找器】面板　　　　　图 10-52　减去图形

⑫ 双击工具栏下方的【填色】，在打开的【拾色器】面板中设置【颜色】为红色（C：16，M：98，Y：100，K：0），如图 10-53、图 10-54 所示。

图 10-53 【拾色器】面板

图 10-54 设置颜色

⑬ 在【图层】面板中单击【切换可视性】按钮，显示之前隐藏的图层，如图 10-55、图 10-56 所示。

图 10-55 显示隐藏图层

图 10-56 显示效果

⑭ 选择【选择工具】，按 Shift 键选中下方的"复合路径"与"多边形"图层，如图 10-57 所示。

⑮ 在打开【路径查找器】面板中，单击【减去】按钮，如图 10-58 所示。

图 10-57 选中路径及图形

图 10-58 减去路径

16 使用同样方法复制下方的"复合路径"图层，并隐藏复制的"复合路径"图层，如图 10-59 所示。

17 选择【钢笔工具】，设置【填色】为黑色，【描边】为无，绘制图形覆盖复合路径的右侧部分，如图 10-60 所示。

图 10-59　隐藏路径　　　　　　　　　图 10-60　绘制图形

18 选择【选择工具】，按 Shift 键选中未隐藏的黑色"复合路径"图层与"多边形"图层，如图 10-61 所示。

19 在打开的【路径查找器】面板中，单击【减去】按钮，如图 10-62 所示。

图 10-61　选中路径及图形　　　　　　　　　图 10-62　减去路径

20 使用【选择工具】，选中黑色"复合路径"图层，在控制栏中设置其 X 值为 19.4mm，Y 值为 17.4mm，如图 10-63 所示。

21 将隐藏的"复合路径"图层设置为显示，并使用同样方法减去左侧路径，并移动其至合适位置，如图 10-64 所示。

22 使用【选择工具】，按 Shift 键，选中 3 个复合路径，并按 Ctrl+G 快捷键，将其编组，在【图层】面板中改变其名称为"章节名称"，如图 10-65、图 10-66 所示。

图 10-63　移动路径

图 10-64　调整位置

图 10-65　修改图层名称

图 10-66　编组

23 选择【文字工具】绘制文本框架，输入内容"国内旅行"，在【字符】面板中，设置其字体、字号，设置"旅行"颜色为红色（C：0，M：100，Y：73，K：13），如图 10-67 所示。

24 在"国内旅行"左侧绘制文本框架，输入文字内容"D"，在【字符】面板，设置其字体、字号，如图 10-68 所示。

图 10-67　输入标题

图 10-68　输入英文首字母

25 选择"D"文本框架，执行【文字】|【创建轮廓】命令，将文字轮廓化，并移动至合适的位置，如图 10-69 所示。

26 选择【文本框架】，绘制文本框架，输入文本内容为"omestic Travel"，在【字符】面板中设置字体、字号，并调整其至合适位置，如图 10-70 所示。

图 10-69　创建轮廓

图 10-70　输入标题英文

27 选择工具箱中的【矩形工具】，设置【填色】为黑色，【描边】为无，在如图 10-71 所示的位置绘制矩形。

28 在控制栏中降低其透明度，以方便调整具体位置，使矩形完全覆盖下方文字，并上下保持一定的间距，如图 10-72 所示。

图 10-71　绘制矩形

图 10-72　调整透明度

29 按 Shift 键，加选"D"的复合路径，在【路径查找器】面板中选择【减去】选项，如图 10-73 所示。

30 使用同样方法，选择【矩形工具】，在下方字母上绘制矩形，并调整其透明度移动至合适位置，如图 10-74 所示。

图 10-73　减去路径

图 10-74　绘制矩形

31 按 Shift 键，加选 "D" 的复合路径，在【路径查找器】面板中选择【减去】选项，如图 10-75 所示。

32 使用同样方法排版与设计其他位置的标题，适当调整首字母的大小，如图 10-76 所示。

图 10-75　减去路径

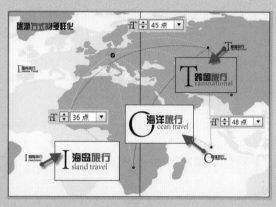

图 10-76　其他位置的标题

33 选择【文字工具】，在下方绘制文本框架，并调整其至合适位置，如图 10-77 所示。

34 在文本框架内单击，执行【文件】|【置入】命令，置入素材文件"国内旅游 .txt"，如图 10-78 所示。

图 10-77　绘制文本框架

图 10-78　置入素材

35 按 Ctrl+A 快捷键，全选文本框架内文字，设置其字体【颜色】为灰色（C：0，M：0，Y：0，K：69），在【字符】面板中设置其字体、字号，如图 10-79、图 10-80 所示。

36 使用同样方法，置入"海岛旅行 .txt""跨国旅行 .txt""海洋旅行 .txt"素材文件，并分别调整其至合适位置，如图 10-81 所示。

图 10-79　设置字体、字号　　　　　　　　　图 10-80　设置字体颜色

图 10-81　置入其他文本内容

37 使用【文字工具】，在"跨国旅行"下方的段落文本框架中单击，按 Ctrl+A 快捷键，改变其字体颜色为白色，如图 10-82 所示。

38 使用【矩形工具】，在"海洋旅行"下方的段落文本框架上绘制矩形，设置【填色】为黑色，【描边】为无，如图 10-83 所示。

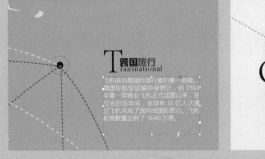

图 10-82　改变字体颜色

图 10-83　绘制矩形

39 在控制栏中调整其透明度，调整矩形与下方文字的间距，如图 10-84 所示。

40 按 Shift 键，加选 "O" 的复合路径，在【路径查找器】面板中选择【减去】选项，如图 10-85 所示。

图 10-84　调整透明度　　　　　　　　　图 10-85　减去路径

10.2.3　绘制图形

图文并茂的杂志内容，不仅直观大方，还会增加读者的阅读兴趣，下面介绍绘制平面创意矢量图形的具体操作步骤。

01 选择工具栏中的【钢笔工具】，绘制飞机主题图形，设置【填色】为白色，【描边】为无，如图 10-86 所示。

02 选择【椭圆工具】，在工作界面单击鼠标，在打开的【椭圆】面板中，设置【宽度】与【高度】均为 3mm，设置【填色】为蓝色（C：82，M：64，Y：24，K：0），【描边】为无，如图 10-87 所示。

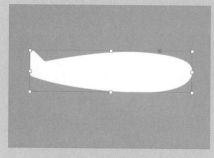

图 10-86　绘制机身　　　　　　　　　图 10-87　绘制正圆

03 选择工具栏中的【矩形工具】，绘制【高度】为 3mm、【宽度】为 11mm 的矩形，【颜色】为蓝色（C：82，M：64，Y：24，K：0），与正圆水平居中对齐，如图 10-88 所示。

04 按 Shift 键，加选正圆，在【路径查找器】面板中选择【相加】选项，如图 10-89 所示。

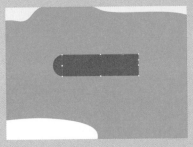

图 10-88　绘制矩形

图 10-89　相加路径

05 调整其大小，移动其至飞机主体上方，选择【钢笔工具】，设置【填色】为黑色，【描边】为无，绘制闭合路径，如图 10-90 所示。

06 按 Shift 键，加选下方图形，在【路径查找器】面板中，选择【减去】选项，如图 10-91 所示。

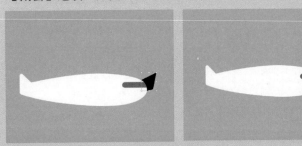

图 10-90　绘制图形　　　　　　图 10-91　减去路径

07 选择【钢笔工具】，绘制飞机机翼图形，设置【颜色】为蓝色（C：82，M：64，Y：24，K：0），【描边】为无，如图 10-92 所示。

08 按 Ctrl+C 快捷键复制，按 Ctrl+V 快捷键粘贴，设置【颜色】为深蓝（C：82，M：64，Y：24，K：0），如图 10-93 所示。

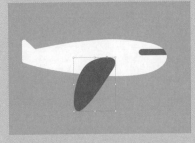

图 10-92　绘制机翼

图 10-93　复制并调整颜色

09 右击鼠标，执行【变换】|【垂直翻转】命令，在控制栏中设置【旋转角度】为 10º，并移动至合适位置，如图 10-94 所示。

10 在【图层】面板中，移动深蓝色机翼图形至飞机主体图层下方，如图 10-95 所示。

图 10-94　处置翻转机翼　　　　　　　　　图 10-95　调整图层

11 选择【钢笔工具】，绘制飞机水平尾翼图形，设置颜色为蓝色（C：82，M：64，Y：24，K：0），【描边】为无，如图 10-96 所示。

12 选择【椭圆工具】，按 Shift 键，绘制正圆图形，设置【颜色】为蓝色（C：82，M：64，Y：24，K：0），【描边】为无，调整其至合适大小和位置，如图 10-97 所示。

图 10-96　绘制尾翼　　　　　　　　　图 10-97　绘制飞机窗户

13 按 Alt 键，复制两个正圆图形至右侧位置，并使其水平居中分布对齐，如图 10-98 所示。

14 按 Shift 键选中所有飞机图形，按 Ctrl+G 快捷键，将其编组，在【图层】面板中设置"组"的名称为"飞机"，如图 10-99 所示。

图 10-98　复制图形　　　　　　　　　图 10-99　编组

15 使用【选择工具】，将"飞机"图形移动至合适位置，如图 10-100 所示。

16 使用【钢笔工具】，在"飞机"图形旁绘制云彩图形，设置【颜色】为白色，调整图层先后顺序，如图 10-101 所示。

图 10-100 调整位置

图 10-101 绘制云朵

提示一下

由于内容有限，只讲述了飞机的制作方法，在制作其他图形时，关照先后顺序，以及图层的上下关系。

17 按 Shift 键，加选三朵白云，右击鼠标，执行【效果】|【渐变羽化】命令，在打开的【效果】对话框中设置其参数，如图 10-102 所示，单击【确定】按钮，效果如图 10-103 所示。

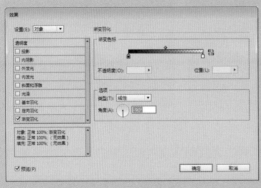

图 10-102 设置【渐变羽化】

图 10-103 渐变羽化效果

18 使用同样方法绘制其他图案，调整其大小并移动至合适位置，如图 10-104 所示，最终完成效果如图 10-105 所示。

图 10-104 绘制其他图案

图 10-105 效果图展示

■ 学习目标

√ 掌握利用渐变制作立体文字

√ 掌握图形之间的变换

√ 掌握快速复制图形的方法

√ 熟练应用透明度制作投影效果

◎标题排版

◎商超促销海报制作效果

11.1 设计分析

　　一般的海报通常含有通知性，所以主题应该明确显眼、一目了然，接着以最简洁的语句概括出如时间、地点、附注等主要内容。海报的插图、布局的美观通常决定着能否吸引眼球。而促销海报就是宣传用的促销报刊类读物，是海报中的一种最基本的宣传品。很好地利用促销海报可吸引顾客，进而增加产品销售量，如图 11-1 所示为创意海报效果展示。

图 11-1　海报展示

11.2 制作过程

　　海报的种类繁多，包括商业、公益、创意等，本章以商超促销海报为例，对其制作过程展开详细介绍。

■ 11.2.1　制作商超促销海报背景

　　设计商超促销海报背景时，注意颜色要统一，不可太暗淡，需具有足够的吸引力。下面介绍制作商超促销海报背景的具体操作步骤。

01 启动 InDesign CC ，在开始界面中单击【新建】按钮，打开【新建文档】对话框，设置【页数】为 1，在【页面大小】选项组中，设置【宽度】为 600mm，【高度】为 900mm，如图 11-2 所示。

02 单击右下角的【边距和分栏】按钮，打开【新建边距和分栏】对话框，从中设置【边距】各为 20mm，单击【确定】按钮，如图 11-3 所示。

图 11-2 【新建文档】对话框　　　　　　　　　　　图 11-3 【新建边距和分栏】对话框

03 在工具栏中选择【矩形工具】，在页面上方绘制宽度为 600mm，高度为 58mm 的矩形，设置【填色】为渐变色，【描边】为无，如图 11-4、图 11-5 所示。

图 11-4 设置【渐变】　　　　　　　　　　　　图 11-5 绘制矩形

提示一下

设置渐变色需先选中渐变滑块，在【颜色】面板中设置颜色值。

04 选择工具栏中的【直线工具】，按 Shift 键，在矩形下方绘制直线，使用【吸管工具】吸取上方矩形的颜色，在工具栏中单击【互换填色和描边】按钮，如图 11-6、图 11-7 所示。

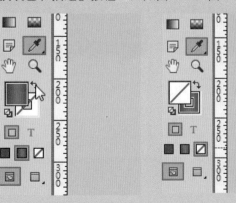

图 11-6 单击【互换填色和描边】按钮　　　图 11-7 互换效果

05 在控制栏中，设置【描边大小】为 50 点，【描边类型】为
波浪线，如图 11-8 所示。

06 选择工具栏中的【钢笔工具】，绘制闭合路径，填充矩形
与波浪线之间的空隙，如图 11-9 所示。

图 11-8　设置【描边类型】　　　　　图 11-9　绘制闭合路径

07 选择【吸管工具】，吸取矩形的渐变颜色，填充路径，如
图 11-10 所示。

08 使用【选择工具】，选中直线，按 Alt+Shift 快捷键，拖动
鼠标垂直复制直线路径，如图 11-11 所示。

图 11-10　使用【吸管工具】　　　　　图 11-11　复制直线路径

09 在控制栏中设置其【描边】颜色为渐变色，在【渐变】面
板中设置渐变滑块的色值，如图 11-12 所示。

10 使用【选择工具】，选中复制的直线，按 Shift+Ctrl+[快捷键，
移动复制的直线至最底层，如图 11-13 所示。

图 11-12　设置【渐变】　　　　　图 11-13　移动直线

11 使用【选择工具】，绘制选择区域，将绘制的所有图形选中，按 Ctrl+G 快捷键编组，如图 11-14 所示。

12 在工具栏中单击填色，双击【应用渐变】，在打开的【渐变】面板中设置渐变参数，设置【描边】为无，如图 11-15 所示。

图 11-14 编组　　　　　　　　　　　　　　　　图 11-15 设置【渐变】

13 使用【矩形工具】，绘制与页面相同的矩形，设置【填色】为渐变色，如图 11-16 所示。

14 使其与页面水平居中对齐、垂直居中对齐，按 Shift+Ctrl+[快捷键，将其移动至最底层，并按 Ctrl+L 快捷键，将其锁定，如图 11-17 所示。

图 11-16 设置【渐变】　　　　　　　　图 11-17 设置对齐方式

15 使用【矩形工具】，在下方绘制【宽度】为 756mm、【高度】为 253mm 的矩形，如图 11-18 所示。

16 在控制栏中设置【旋转角度】为 6.5°，按 Ctrl+[快捷键，将矩形移至下一层，如图 11-19 所示。

17 右击鼠标，执行【效果】|【渐变羽化】命令，在【效果】对话框中设置参数，如图 11-20 所示。渐变羽化效果如图 11-21 所示。

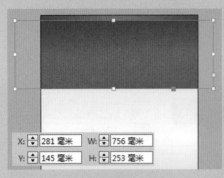

图 11-18　绘制矩形

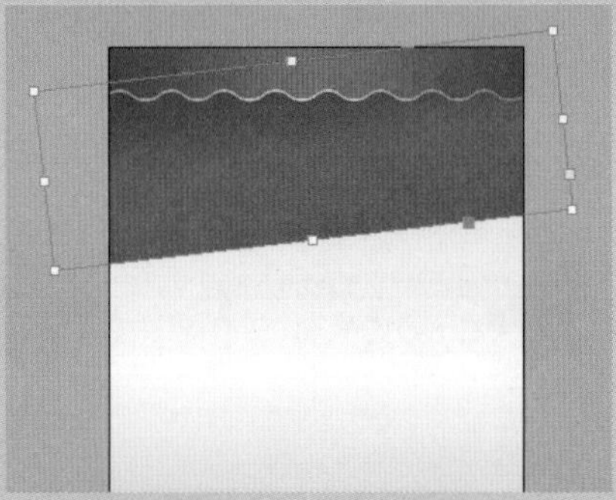

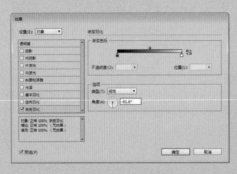

图 11-20　设置【渐变羽化】

图 11-19　设置【旋转角度】

图 11-21　渐变羽化效果

18 选择【选择工具】，按 Alt+Shift 快捷键，将其垂直复制至最下方，如图 11-22 所示。

19 将鼠标光标移动至下方的控制点处，当光标变为双向箭头时，拖动鼠标，将矩形放大，如图 11-23 所示。

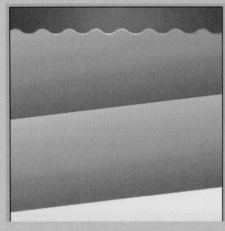

图 11-22　复制图形

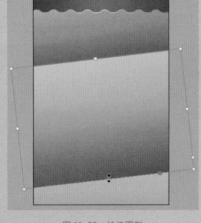

图 11-23　拉伸图形

20 选择【矩形工具】，设置【宽度】为 600mm、【高度】为 168mm，【填色】为渐变，在【渐变】面板中设置渐变参数，如图 11-24 所示。

21 在控制栏中设置【对齐】为对齐页面，使矩形与页面底对齐，并使其与页面水平居中对齐，如图 11-25 所示。

图 11-24　设置【渐变】

图 11-25　设置对齐方式

22 再次选择【矩形工具】，设置【宽度】为 600mm、【高度】为 38mm，设置其【颜色】为深红色（C：0，M：100，Y：79，K：38），【描边】为无，如图 11-26 所示。

23 在控制栏中设置【对齐】为对齐页面，使矩形与页面底对齐，并使其与页面水平居中对齐，如图 11-27 所示。

图 11-26　设置颜色

图 11-27　设置对齐方式

24 选择【矩形框架工具】，在页面上方绘制矩形框架，执行【文件】|【置入】命令，置入素材文件"射灯.png"，如图 11-28 所示。

25 右击鼠标，执行【适合】|【按比例填充框架】命令，效果如图 11-29 所示。

26 在【图层】面板中将"射灯"图层，移动至下方矩形图层的上方，并将所有背景图案选中，按 Gtrl+L 快捷键将其锁定，如图 11-30、图 11-31 所示。

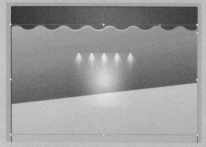

图 11-28　置入素材

图 11-29　按比例填充框架

图 11-30　调整图层

图 11-31　锁定图层

■ 11.2.2　制作海报主题图案

　　主要使用【文字工具】输入海报信息及商品信息，使用基本绘图工具绘制商品框架，完成后执行【文件】|【置入】命令，置入商品图片，注意图片的大小和图层的先后顺序。下面介绍制作海报主题图案的具体操作步骤。

01 在工具栏中选择【文字工具】，在页面中绘制文本框架，输入文本内容"限"，执行【窗口】|【文字和表】|【字符】命令，在【字符】面板中，设置字体、字号，并设置【倾斜角度】为 20°，如图 11-32、图 11-33 所示。

图 11-32　设置字体、字号

图 11-33　设置倾斜角度

02 在文本框架内选中字体，设置【颜色】为渐变，在【渐变】面板中设置渐变参数，如图 11-34、图 11-35 所示。

图 11-34　设置【渐变】　　　　　　　　　　图 11-35　应用渐变

03 使用【选择工具】，选中文本框架，在控制栏中设置【旋转角度】为 6.5°，如图 11-36 所示。

04 按 Alt 键，复制文本框架至其右侧，改变内容为"时"，改变其字体大小为 290 点，并调整其至合适位置，如图 11-37 所示。

图 11-36　旋转角度　　　　　　　　　　　图 11-37　复制文本框架

05 使用同样的方法，复制文字至其他位置，并修改文本框架中的内容，如图 11-38 所示。

06 继续绘制文本框架，输入文字内容，设置其字体、字号、倾斜角度（20°）与旋转角度（6.5°），并设置字体【颜色】为黄色（C：2，M：35，Y：90，K：0），如图 11-39 所示。

图 11-38　复制并修改文本内容　　　　　　图 11-39　输入文本内容

07 选择工具箱中的【钢笔工具】，绘制闭合路径，设置【填色】
为渐变，在【渐变】面板中设置渐变参数，设置【描边】为无，
如图 11-40、图 11-41 所示。

图 11-40 绘制路径　　　　　　　　　　　　图 11-41 设置【渐变】

08 在【图层】面板中，调整路径至"文字"图层的下方，使
上方文字看上去为立体字，如图 11-42 所示。

09 右击鼠标，执行【效果】|【投影】命令，在打开的【效果】
对话框中设置【投影】参数，如图 11-43 所示。

图 11-42 调整图层　　　　　　　　　　　　图 11-43 设置【投影】

10 在工具栏中选择【矩形框架工具】，在页面中绘制矩形框架，
执行【文件】|【置入】命令，置入素材文件"礼盒 1.png"，如
图 11-44 所示。

11 右击鼠标，执行【适合】|【按比例填充框架】命令，设置【显
示性能】为高品质显示，并调整其大小，如图 11-45 所示。

12 再次绘制矩形框架，置入素材文件"礼盒 2.png"，调整其
至合适大小及位置，如图 11-46 所示。

13 在【图层】面板中，将"礼盒 2"图层拖曳至"射灯"图层
的上方，如图 11-47 所示。

图 11-44　置入素材

图 11-45　高品质显示

图 11-46　置入素材

图 11-47　调整图层

14 使用同样方法，置入其他礼盒和气球，调整其至合适大小、位置、角度及图层之间的前后顺序，如图 11-48 所示。

15 使用【钢笔工具】绘制一个闭合路径，设置【填色】为黑色，【描边】为无，如图 11-49 所示。

图 11-48　置入其他素材

图 11-49　绘制路径

16 使用【选择工具】，按 Shift 键，加选后方的射灯，执行【对象】|【路径查找器】|【减去】命令，如图 11-50 所示。

17 在工具栏中选择【矩形工具】，单击工作界面，在打开的【矩形】对话框中设置其参数，单击【确定】按钮，如图 11-51 所示。

图 11-50 减去路径　　　　　　　　　　　图 11-51 【矩形】对话框

18 设置其【填色】为渐变，在【渐变】面板中设置其渐变参数，设置【描边】为无，如图 11-52、图 11-53 所示。

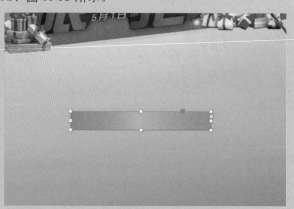

图 11-52 设置【渐变】　　　　　　　　　　图 11-53 应用渐变

19 再次使用【矩形工具】，绘制宽度为 78mm、高度为 33.8mm 的矩形，选择【吸管工具】吸取之前绘制的矩形的填色，如图 11-54 所示。

20 选择【钢笔工具】绘制闭合路径，设置【填色】为黑色，【描边】为无，如图 11-55 所示。

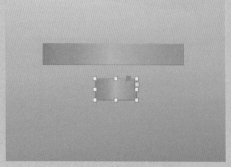

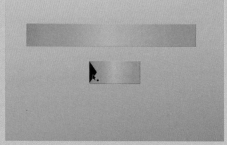

图 11-54 绘制矩形　　　　　　　　　　　图 11-55 绘制路径

21 使用【选择工具】，按 Shift 键，加选下方矩形，执行【对象】|【路径查找器】|【减去】命令，得到一个复合路径，如图 11-56 所示。

22 调整其至合适位置，按 Ctrl+[快捷键，将其下移一层，如图 11-57 所示。

图 11-56　减去路径　　　　　　　　　图 11-57　调整图层

23 在【渐变】面板中，拖动中间滑块，调整其渐变高光位置，如图 11-58 所示。

24 按 Alt+Shift 快捷键，水平复制其至矩形右侧，并调整其至合适位置。右击鼠标，执行【变换】|【水平翻转】命令，翻转效果如图 11-59 所示。

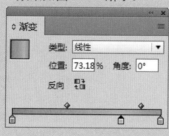

图 11-58　设置【渐变】　　　　　　　图 11-59　复制并水平翻转

25 使用【钢笔工具】绘制矩形下方的折叠效果，设置其【填色】为渐变，并按 Ctrl+[快捷键调整其至矩形图层下方，如图 11-60、图 11-61 所示。

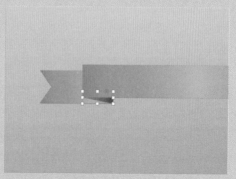

图 11-60　设置【渐变】　　　　　　　图 11-61　调整图层

26 使用同样方法绘制右侧矩形下方的折叠部分，并调整其至矩形的下方，如图 11-62 所示。

27 使用【选择工具】，绘制选择区域，将制作的标签元素全部选中，按 Ctrl+G 快捷键将其编组，如图 11-63 所示。

 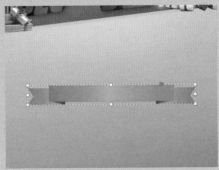

图 11-62　绘制右侧图形　　　　　　　　图 11-63　编组

28 使用【选择工具】，将其移动至合适位置并在控制栏中设置【旋转角度】为 4.5°，如图 11-64 所示。

29 在【图层】面板中，将"标签"图层拖曳至文字图层的上方，如图 11-65 所示。

图 11-64　设置【旋转角度】　　　　　　图 11-65　调整图层

30 选择【文字工具】，绘制文本框架，输入文字内容，设置【颜色】为黄色（C：0，M：0，Y：100，K：0），在【字符】面板中设置其字体、字号、字间距，如图 11-66 所示。

31 使用【选择工具】单击文本框架，在控制栏上设置【旋转角度】为 4.5°，如图 11-67 所示。

32 使用【矩形工具】绘制一个宽度为 127mm、高度为 100mm 的矩形，使用【吸管工具】，吸取下方矩形的渐变色，如图 11-68 所示。

33 在工具栏中切换【填色】与【描边】，设置【描边大小】为 8 点，在控制面板中设置矩形的【转角形状】为圆角，【转角大小】为 9mm，如图 11-69 所示。

图 11-66　设置字体、字号

图 11-67　设置【旋转角度】

图 11-68　使用【吸管工具】

图 11-69　调整填色、描边、圆角

34 在【图层】面板中将"圆角矩形框"图层拖曳至【图层】面板下方的【创建新图层】按钮上，复制图层，如图 11-70 所示。

35 按 Ctrl+] 快捷键，将其移动至上方，切换【填色】与【描边】，如图 11-71 所示。

图 11-70　复制矩形

图 11-71　调整图层

36 使用【矩形工具】在其上方绘制一个矩形，设置其【填色】为黑色，【描边】为无，如图 11-72 所示。

37 按 Shift 键加选下方圆角矩形，执行【对象】|【路径查找器】|【减去】命令，减去效果如图 11-73 所示。

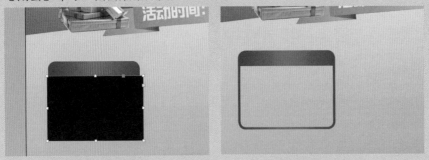

图 11-72　绘制矩形　　　　　　　　图 11-73　减去路径

38 选中圆角矩形框与减去图形，按 Ctrl+G 快捷键将其编组，按 Alt+Shift 快捷键，拖曳鼠标，水平复制三个相同的图形至其右侧，如图 11-74 所示。

39 使用【选择工具】，选中相同的 4 个组，在控制栏中设置【对齐】为对齐选区，选择【水平居中分布】对齐选项，如图 11-74 所示。

图 11-74　复制图形　　　　　　　　图 11-75　设置水平居中分布

40 按 Alt+Shift 快捷键，垂直复制其至下方位置，在控制栏中调整其 Y 值为 521mm，如图 11-76 所示。

41 选择【文字工具】，绘制文本框架，输入文本内容，设置其字体、字号，设置【颜色】为白色，如图 11-77 所示。

42 继续绘制文本框架，绘制文本框架，输入文本内容，设置其字体、字号，设置【颜色】为黄色（C：2，M：35，Y：90，K：0），如图 11-78 所示。

43 使用【选择工具】按 Shift 键加选左侧文本框架，按 Alt+Shift 快捷键，水平或垂直复制其至其他框架图形的上方，如图 11-79 所示。

图 11-76　复制并调整位置

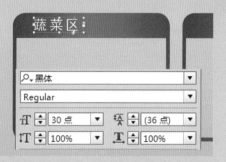

图 11-77　输入文本内容

图 11-78　输入文本内容

图 11-79　复制文本框架

44 选择工具栏中的【文字工具】，改变其复制的文本框架内的内容，效果如图 11-80 所示。

45 使用【选择工具】，绘制选择区域，按 Ctrl+G 快捷键，将所有选中的图形及文本框架编组，并将其锁定，效果如图 11-81 所示。

图 11-80　修改文本内容

图 11-81　编组

46 选择【矩形框架工具】，绘制宽度为 121mm、高度为 77.7mm 的矩形框架，并移动其至合适位置，如图 11-82 所示。

47 使用【选择工具】，使用复制粘贴的方法，复制 7 个相同的矩形框架，并移动至合适位置，如图 11-83 所示。

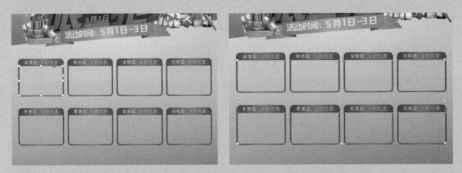

图 11-82　绘制矩形框架　　　　　　　图 11-83　复制矩形框架

48 执行【文件】|【置入】命令，置入素材文件"蔬菜 .png"，
调整其大小并使其高品质显示，如图 11-84 所示。

49 使用同样方法置入其他对应的素材图片，调整其大小及角
度，如图 11-85 所示。

图 11-84　置入素材　　　　　　　图 11-85　置入其他素材图片

50 使用【选择工具】绘制选择区域，将所有图片选中，按
Ctrl+[快捷键移动其至下一层，如图 11-86 所示。

51 选择工具栏中的【椭圆工具】，在下方绘制椭圆，设置【填
色】为渐变，【描边】为无，如图 11-87 所示。

图 11-86　调整图层　　　　　　　　　图 11-87　设置【渐变】

52 使用【选择效果工具】选中椭圆，右击鼠标，执行【效果】|
【透明度】命令，在打开的【效果】对话框中设置参数，如
图 11-88、图 11-89 所示。

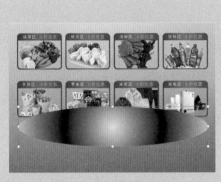

图 11-88　应用渐变　　　　　　　　　　　图 11-89　设置【透明度】

53 在【效果】面板中，继续勾选【定向羽化】选项，并单击【定
向羽化】，设置【定向羽化】的参数，如图 11-90 所示。

54 在【效果】面板中，继续勾选【渐变羽化】选项，并单击【渐
变羽化】，单击【确定】按钮，如图 11-91 所示。

图 11-90　设置【定向羽化】　　　　　　　　图 11-91　设置【渐变羽化】

55 选择【矩形工具】，在椭圆上方位置绘制一个矩形图形，
如图 11-92 所示。

56 使用【选择工具】并按Shift键加选下方椭圆，如图11-93所示。

图 11-92　绘制矩形图形　　　　　　　　　　图 11-93　加选图形

57 执行【对象】|【路径查找器】|【减去】命令，并调整其与页面居中对齐，减去效果如图 11-94 所示。

58 选中减去的图形，在控制栏中设置其图层【透明度】为 73%，如图 11-95 所示。

图 11-94　减去路径

图 11-95　设置透明度

59 选择工具栏中的【直线工具】，按 Shift 键拖动鼠标绘制一条直线，如图 11-96 所示。

60 设置【描边】为渐变色，在【渐变】面板中设置参数，【描边大小】为 5 点，如图 11-97 所示。

图 11-96　绘制直线

图 11-97　设置渐变

61 选择工具栏中的【文字工具】，绘制文本框架，输入文本内容"超市限时特卖促销活动"，在【字符】面板中设置其字体、字号、字间距，如图 11-98 所示。

62 在文本框架四角的任意控制点处双击鼠标，使文本框架文字相同的高度与宽度，设置其与页面水平居中对齐，如图 11-99 所示。

63 使用【文字工具】，绘制文本框架，输入文本内容，在【字符】面板中设置其字体、字号、字间距，并使其与页面水平居中对齐，如图 11-100 所示。

64 绘制文本框架，输入活动截止时间，在【字符】面板中设置其字体、字号、字间距，使其与页面水平居中对齐，如图 11-101 所示。

图 11-98 设置字体、字号

图 11-99 设置对齐方式

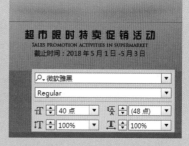

图 11-100 输入英文   图 11-101 输入活动截止时间

65 继续绘制文本框架，输入文本内容，在【字符】面板中设置其字体、字号、字间距，使其与页面水平居中对齐，如图 11-102 所示。

66 继续绘制文本框架，输入地址内容，在【字符】面板中设置其字体、字号、字间距，使其与页面水平居中对齐，如图 11-103 所示。

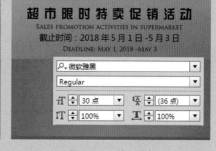

图 11-102 输入英文   图 11-103 输入地址

提示一下

在选择下方矩形时，需在【图层】面板中对齐进行解锁。

67 使用【选择工具】，选中下方矩形在控制栏中设置其参考点的位置，并调整【高度】为 145mm，如图 11-104 所示。

68 选择【矩形工具】，按 Shift 键绘制正方形，在控制面板中设置【填色】为无，【描边】为黑色，【描边大小】为 2 点，【描边类型】为虚线（4 和 4），如图 11-105 所示。

图 11-104　调整下方矩形

图 11-105　绘制正方形

69 选择【直线工具】，在正方形的对角处分别绘制直线，在控制面板中设置【填色】为无，【描边】为黑色，【描边大小】为 2 点，【描边类型】为虚线（4 和 4），如图 11-106 所示。

70 使用【选择工具】，选择正方形及两条对角直线，按 Ctrl+G 快捷键编组，按 Shift+Alt 快捷键，水平复制其至合适位置，如图 11-107 所示。

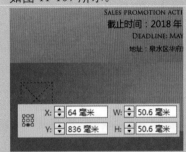

图 11-106　绘制对角线

图 11-107　复制并编组

71 使用【文字工具】，在正方形中心位置绘制文本框架，输入文本内容，在【字符】面板中设置其字体、字号，并使其与页面水平居中对齐，如图 11-108 所示。

72 使用水平复制粘贴的方法，复制 7 个相同的文本框架，并移动其至合适位置，如图 11-109 所示。

图 11-108　输入文本内容

图 11-109　复制文本框架

73 使用【文字工具】按从左到右的顺序，修改复制的文本内的文字内容，如图 11-110 所示。

74 使用【文字工具】，在页面下方绘制文本框架，输入宣传语，在【字符】面板中设置其字体、字号、字间距，如图 11-111 所示。

图 11-110　修改文本内容　　　　　　　　　　　图 11-111　输入宣传语

75 使用【文字工具】，在页面左上方绘制文本框架，输入超市名称，在【字符】面板中设置其字体、字号、字间距，并设置【颜色】为白色，如图 11-112、图 11-113 所示。

图 11-112　设置字体、字号　　　　　　　　　图 11-113　超市名称效果

76 使用【椭圆工具】绘制椭圆，并设置【填色】为无，【描边】为渐变，【描边大小】为 8 点，移动其至合适位置，如图 11-114、图 11-115 所示。

图 11-114　设置【渐变】　　　　　　　　　　　图 11-115　绘制椭圆

77 选择【钢笔工具】，沿椭圆下方绘制一个闭合路径，使用【吸管工具】吸取下方标签的颜色，如图 11-116 所示。

78 按两次 Shift+[快捷键，将路径移动至"好家乐"图层的下方，如图 11-117 所示。

图 11-116　绘制路径　　　　　　图 11-117　调整图层

79 选择【钢笔工具】，沿椭圆上方绘制一个闭合路径，使用【吸管工具】吸取下方标题字的颜色，如图 11-118 所示。

80 按三次 Shift+[快捷键，将路径移动至绿色渐变路径图层的下方，如图 11-119 所示。

图 11-118　绘制路径　　　　　　图 11-119　调整图层

81 最终商超促销海报制作完成，如图 11-120 所示。

图 11-120　商超促销海报效果图

参考文献

[1] 姜洪侠，张楠楠 . Photoshop CC 图形图像处理标准教程 [M] . 北京：人民邮电出版社，2016.

[2] 周建国 . Photoshop CS6 图形图像处理标准教程 [M] . 北京：人民邮电出版社，2016.

[3] 孔翠，杨东宇，朱兆曦 . 平面设计制作标准教程 Photoshop CC + Illustrator CC [M] . 北京：人民邮电出版社，2016.

[4] 沿铭洋，聂清彬 . Illustrator CC 平面设计标准教程 [M] . 北京：人民邮电出版社，2016.

[5] [美] Adobe 公司 . Adobe InDesign CC 经典教程 [M] . 北京：人民邮电出版社，2014.